中国家风

诗礼传家 篇

孔德墉 题

孔颖　孔令绍／著

山东友谊出版社·济南

图书在版编目（CIP）数据

中国家风.诗礼传家篇/孔颖,孔令绍著.—济南：山东友谊出版社,2023.3
ISBN 978-7-5516-2768-9

Ⅰ.①中… Ⅱ.①孔…②孔… Ⅲ.①家庭道德—中国 Ⅳ.① B823.1

中国国家版本馆 CIP 数据核字 (2023) 第 046735 号

中国家风·诗礼传家篇
ZHONGGUO JIAFENG SHILI CHUAN JIA PIAN

图书策划：宋　亮
责任编辑：孙　锋
装帧设计：杨雯雯
封面题字：孔德墉

主管单位：山东出版传媒股份有限公司
出版发行：山东友谊出版社
　　　　地址：济南市英雄山路 189 号　邮政编码：250002
　　　　电话：出版管理部（0531）82098756
　　　　　　　发行综合部（0531）82705187
　　　　网址：www.sdyouyi.com.cn
印　　刷：济南乾丰云印刷科技有限公司

开本：710 mm×1 000 mm　1/16
印张：12　　　　　　　　字数：180 千字
版次：2023 年 3 第 1 版　　印次：2023 年 3 月第 1 次印刷
定价：28.00 元

序

谷汉民

值此全国上下认真学习贯彻党的二十大精神之际，欣闻《中国家风·诗礼传家篇》即将出版，我由衷地感到高兴。本书作者首先以翔实的史料、清晰的思路对家风起源、形成、发展及特点进行了详尽论述，让读者对家风有一个概括的、历史的认知；然后用生动亲切的口吻，讲述了我国古代、近代二十四家名门有趣的家风故事，让大家一起听故事、学知识，修身齐家，营造新时代中国家风，弘扬中华优秀传统文化。这是一件非常有意义的事。

党的十八大以后，习近平总书记提出了加强家风建设问题，意在让人从小接受良好的家庭环境影响，从根本上做好事、做好人。他在2015年春节团拜会上指出："我们都要重视家庭建设，注重家庭、注重家教、注重家风"。其后，又多次强调，"有什么样的家教，就有什么样的人"，"家风好，就能家道兴盛、和顺美满；家风差，难免殃及子孙、贻害社会"。党的二十大首次把家庭建设作为治国理政的国家意识写入报告，明确提出"实施公民道德建设工程，弘扬中华传统美德，加强家庭家教家风建设"。这就把弘扬优秀传统文化与进行国家现代化治理有机结合在一起，也可以认为这是古为今用，中国优秀传统文化为中国式现代化所用，为中华民族伟大复兴所用。

正如本书作者所说，家风是中华优秀传统文化中重要的文化元素。一个人的人生向好，良好的家庭育人环境至关重要。抓好家风建设，就是能让一个人"明大德、守公德、严私德"的治本之策。一个廉俭的家庭，靠的是每个家庭成员的廉洁；一个清正的社会，靠的是每个社会成员的内心自觉。当今社会，如果每个家庭都能按照社会主义核心价值观的要求去创建优秀家风，每个家庭成员都能自觉把优秀家风精神化为自己的行为规范，那就会促进社会风气向着积极健康和谐美好的方向发展。

我之所以乐意为本书作序,就因为作者不仅研究优秀家风、宣讲优秀家风,还实实在在地践行优秀家风。孔令绍从事党的宣传工作三十多年,肯学习、善思考、有见地、口才好,把本职工作搞得风生水起、有声有色,深得组织信任和群众认可。赋闲之后,退而不休,用他自己的话说,是要"当好党的义工"。多年来,他潜心研究东方文化、儒家文化、家风文化,成果颇丰,先后发表上千篇文章,出版三百余万字的著作。他将自己的研究成果化为生动感人的故事进行宣讲,足迹遍及全国二十多个省区市,所到之处,反响热烈,好评如潮。他本人成为全国家庭建设专家智库成员,荣获山东省优秀退休干部等荣誉称号。

作为孔子后裔,他继承孔氏家风优良传统,在先祖家风、家规、家训基础上,融入现代精神,制定了新时代家训,带领全家遵从躬行,祖孙三代和睦相处,其乐融融。他的家庭先后被评为"最美书香家庭""全国五好家庭""全国文明家庭"。

2019年4月22日,全国政协副主席陈晓光率团到他家座谈,调研家风建设。同年6月28日,中共中央政治局常委、全国政协主席汪洋在北京主持召开"注重家庭家教家风建设"网络议政远程协商会,他作为全国唯一家庭代表受邀发言,并与汪洋主席连线对话。时任中宣部常务副部长王小晖当场指出:"要大力宣传孔令绍这样的好家庭好家风,把家庭家教家风建设往实里抓,往深里走。"

每当看到这些,我的眼前总是浮现出四十多年前那个生气勃勃、不怕挫折、积极向上的年轻大学生形象。我感到亲切,也感到欣慰。

期盼本书早日与读者见面,期待着"中国家风"作为重要的中华文明精神标识在神州大地上续写华丽篇章!

2022年12月

目录

序　谷汉民
家风总论／1

第一章 孔氏家风：有文化，守规矩
01. 孔子姓孔吗？／9
02. 孔子的母教／11
03. 诗礼庭训／13
04. 孔府里头有件宝／15
05. 鲁壁藏书／17
06. 孔光嗣收留叫花子／19
07. 孔府有条冷板凳／21
08. 孔尚贤作家规／22
09. 孔尚任与《桃花扇》／24
10. 我的高祖家训／26

第二章 颜回家风：不怕贫穷，把学习、做事当成快乐
11. 箪食瓢饮／29
12. 闻一知十／31
13. 颜回是小偷吗？／33
14. 买驴不见驴／35

第三章 曾参家风：做一个孝顺的人
15. 接过孔子的接力棒／38
16. 曾子杀猪／40

17. 小打就挨着，大打赶快跑 / 42
18. 跪着的老师教不出站着的学生 / 44

第四章 孟轲家风：做人要有骨气
19. 孟母三迁 / 47
20. 断机教子 / 49
21. 进屋一定要敲门 / 50

第五章 周公家风：做人要严谨，做事要尽心
22. 中国的第一部家训 / 53
23. 不畏人言，公者千古 / 55
24. 周公吐哺，天下归心 / 57

第六章 杨震家风：骨子里就要清白
25. 拒收重金，人称"杨四知" / 59
26. 直言劝谏，遭罪而死 / 61
27. 家风育人，满门清廉 / 63

第七章 裴氏家风：厚德能传家，宽让能宁人
28. 庶出的裴秀逆袭成才 / 66
29. 家风让裴氏家族成为人才宝库 / 69

第八章 诸葛亮家风：不重名利把人做好，平心静气把事做好
30. 求学心切撒小米 / 72
31. 不是亲生更要严格教育 / 74
32. 教给孩子如何做人 / 77

第九章 王羲之家风：做人厚道，更要忍让
33. 王羲之辞官 / 80
34. 做人要厚道，更要忍让 / 82
35. 天上不会掉馅饼 / 84

第十章 陶渊明家风：做好人，做清白人
36. 陶母的风范 / 87
37. 陶侃励志 / 89
38. 田园情，仁爱心 / 91

第十一章 钱镠家风：不谋自己的事，只谋国家的事
39.《百家姓》引出的故事 / 94
40. 钱镠的警枕 / 96
41. 读书不是为当官 / 97

第十二章 范仲淹家风：没有国，哪有家？
42. 幼年丧父，刻苦向学 / 100
43. 奋力找回姓"范"的资格 / 102
44. 忧乐天下，民族风骨 / 104
45. 范式家风——学会"忍穷" / 106

第十三章 包拯家风：当官要清白，做人要正直
46. 铁面无私包青天 / 110
47. 把砚台扔到江里 / 112
48. 谁割了俺家的牛舌头？ / 114
49. 包拯家训造就三代清官 / 116

第十四章 司马光家风：由俭入奢易，由奢入俭难
50. 一根圆木当枕头 / 119
51. 司马光砸缸 / 121
52. 从剥胡桃皮到卖马 / 123
53. 当了大官还葬不起妻子 / 125

第十五章 张载家风：说话有教养，行动有规矩
54. 少年丧父，从小立下报国志 / 128
55. 真诚的张载 / 130
56. 张载家风是教育所有人 / 132

第十六章 苏轼家风：刚直不阿，宁折不弯
57. 范滂的故事让他受益终生 / 135

58. "东坡"的来历 / 137
59. 识遍天下字，读尽人间书 / 139
60. 世上最美兄弟情 / 141

第十七章 黄庭坚家风：家和则兴，不和则败
61. 五岁作诗 / 144
62. 为母尽孝 / 146
63. 四休居士 / 148

第十八章 朱熹家风：人要懂礼义，多读书
64. 人生逆境苦作舟 / 151
65. 易子而教 / 153
66. 朱熹家训 / 155

第十九章 王阳明家风：勤读书，早立志，学做人，做好人
67. 人要有强大的内心 / 158
68. 考不好不是丢人的事 / 160
69. 不能把人一棍子打死 / 162

第二十章 袁了凡家风：行善积德，有错就改
70. 不要相信命运，奋争就有未来 / 165
71. 慈母遗风 / 167

第二十一章 朱柏庐家风：一粥一饭当思来处不易
72. "柏庐"的来历 / 171

第二十二章 张英家风：做人，礼让；做官，廉俭
73. 让墙 / 174

第二十三章 刘墉家风：诗书传家，清正廉洁
74. 一身正气，刚正不阿 / 177

第二十四章 梁启超家风：我们基因里就俩字——爱国
75. 为父就学梁启超 / 180
76. 培养孩子的"三不"能力 / 182

家风总论

"家风"俗称门风,它的形成与发展源远流长,对社会有着直接而深刻的影响。

一、家风与家庭文化

家风是非常重要的传统文化元素。它是家庭和睦、社会和谐、国家稳定的基石。传统文化的内涵包括三个层面:一是渗透于生产生活中的鲜活的文化元素,二是这些文化元素凝结而成的文化经典,三是根植于民族成员内心的价值观念、审美趋向和心理认同。家风这个传统文化元素就是构筑家庭成员健康价值观的基础。

家风是在家族或家庭这个具体环境中产生的。家庭是由婚姻关系、血缘关系或收养关系构成的社会生活最基本的单位。

在家庭建设中,四个要素构成了家庭文化的完整链条,这就是家风、家规、家训、家教。其中,家风是宏观概念,家规、家训、家教是微观概念,家风对家规、家训、家教有统领意义。家风是一个家庭的灵魂,它是对家庭成员的软影响;家规是根据家风的精神要求做出的具体规定,它是对家庭成员的硬约束;家训是根据家风、家规的精神要求形成的利于家庭成员记忆的文字表述;家教是根据家风的总体要求把家风、家规、家训精神落实到家庭成员行为规范上的最基本的手段。

家风是一个家族世代凝聚并沿袭下来的家庭文化传统。家风对家庭成员具有直接影响和心理暗示作用,是家庭成员道德素养、精神风貌、审美格调、整体素质的集中体现。反过来，家庭成员的品格又对家风好坏起着决定性作用。家风一般是指由父母或祖辈提倡并身体力行和言传身教，用以引导、约束和规范家庭成员的道德风尚和生活作风的价值观。作为一种精神力量，优秀家风既能在思想道德上约束家庭成员，又能督促家庭成员在一种文明、和谐、健康、向上的氛围中生活和发展。

二、家风的起源、形成与发展

可以肯定地说，自从有家庭就有了家风。中国的上古时代，并没家风这个概念，家风一词也未出现，但这并不意味着上古时代就没有家风。唐尧为人忠厚，作风民主，他表现在工作上的"四岳问贤"肯定是家风使然。虞舜不计前嫌，孝敬继母，成为中国古代"二十四孝"之首，开一代孝行先河。待至商周时代，商汤严于律己，和以待人；周公豁达大度，教子有方。他们都树立了自己那个时代家风的标杆。家风，如同一个人有气质、一个国家有性格，一个家庭只有在长期的延续过程中，才会形成自己独特的风貌与品格。这样一种看不见的精神风貌，摸不着的风尚习惯，以一种隐性的状态，长期凝聚与积淀才会玉汝于成。家风是一辈又一辈人的精神结晶，它一旦形成，就让一个家庭具有了教化的资源。

家风一词到了西晋时才正式出现，最早见于西晋文学家潘岳的作品。西晋文学家夏侯湛将《诗经》中有目无文的六篇"笙诗"补缀以成《周诗》，呈给潘岳。潘岳认为，这些诗不仅温文尔雅，而且可以看到孝悌的本性。于是，他就与友人唱和写下了《家风诗》，自述其家族风尚。从此，家风这一概念就应运而生。两晋以后，这个词语渐渐流行，使用甚广。《北齐书》卷四十二说："（崔劼）少而清虚寡欲，好学有家风。"《周书》卷三十八说："（李）昶年十数岁，为《明堂赋》。虽优洽未足，而才制可观，见者咸曰有家风矣。"历史文献中提及家风，往往蕴含着对传统的继承之意，如"不坠家风""世守家风""克绍家风""世其家风"等，都体现了这一特点。

"家风"是一个中性词，并不必然具有正面意义。家风作为家庭文化传统，表现出的是一个家庭的气质和风习，反映出的是一个家庭价值理念和行为方式有别于其他家庭的不同之处。有的家风可能是勤奋俭朴、为人忠厚、待人有礼，有的家风可能就是尖酸刻薄、处世不仁、为人骄横。正因为如此，对家风、门风或称誉或贬损，也就并存于中国社会发展的历史之中。

中国家风的形成与发展经历了一个漫长的由自发到自觉的过程。从尧舜禹汤，到文武周公，再到孔子，几千年的社会发展，家庭文化建设一直伴随其中，并且形成了五彩斑斓无比璀璨的丰硕成果。这些先圣先贤不仅本人出类拔萃深孚众望，而且将其家庭建设发展到很高的水平，使子孙后代恪守道德规范，文明传承有序。但是，必须指出，此时的家庭文化建设依然处于自发的阶段。这些先圣先贤们还没有把这种家庭文化以条文形式提出或列出，以使家庭成员及子孙后代自觉遵循。到魏晋时，潘岳正式提出了家风概念。南北朝时，颜回三十五世孙颜之推作《颜氏家训》，标志着中国的家庭文化建设由自发阶段正式进入自觉阶段。及至北宋，司马光作《温公家范》，张载作《东铭》《西铭》等，中国家风文化进入井喷式发展阶段。

三、家风的特点

在中国这片古老的传统文化土壤里发生发展的中国家风，自然有其独具的特点。

(1) 文化性

家风本身就是一种文化现象。既然是文化，它就有教化人的功能。家风因为出自不同的家族或家庭，所以它的内涵就不尽相同。家风一般是由家族中最优秀的那个人奠定底色，他们所处的历史机遇、社会环境、家庭背景、发展经历等都不相同，因此，开创的家风内涵就会各具特色。譬如，周公家风突出"谨言慎行"，孔氏家风就强调"崇文尚礼"；诸葛亮家风突出"淡泊明志"，包拯家风就强调"清正廉洁"；范仲淹家风突出"先忧后乐"，张载家风就强调"兼济天下";等等。在现实生活中,我们可以有针对性地选择借鉴某优秀家庭的优秀家风,充实融入自己家庭的文化建设,以强化对家庭成员的熏陶和教化。

(2) 标杆性

优秀家风的标杆性,首先取决于家族代表性成员优秀的君子人格。君子人格的内涵大致包括:自强不息的奋斗精神,出类拔萃的文化素养,别于众人的独立意识,公而忘私的社会担当。譬如孔子,作为民族精英,他担当起文化传承、文明传续的伟大社会责任。孟子"富贵不淫,贫贱不移,威武不屈"。范仲淹不论居庙堂之高还是处江湖之远,始终坚守"先忧后乐"。他们表现出的均为君子品格。其次是家族代表性成员创造的萃拔于世的先进文化。凡属先进文化,都具有前瞻性、包容性、相通性。孔子创立的儒家学说,目的是呼唤人性升华,他第一次提出了做人的标准,为举世公认。孟子提出"仁、义、礼、智"四端学说,彰显的是民族风骨。范仲淹的"先忧后乐"表现的是中华民族的人文精神。他们创造出的先进文化都达到了社会和历史的高度。第三是家族文化的有序传承。家风是在家族血脉延续过程中的一种文脉传承,它需要一代又一代家族中的文化精英有序传承。像蒲松龄写出传世之作《聊斋志异》,可家族中再无文化后人传承文化,那就不可能形成家风的传承。孔子的思想文化达到了前所未有的高度,虽儿子孔鲤早逝,但三世孔伋随即承续薪火,成为又一座历史高峰,中国古代儒家五大圣人,孔氏家族占其二。孔氏家风就是这样一代一代传下来的。家风是一个家族或家庭共同认可的价值观。一种优秀的家风一旦形成,它在社会上就会产生标杆性引领作用。

(3) 社会性

家是最小国,国是千万家。家庭是社会的细胞,是在社会大环境中存在与发展的。因此,家风的形成与其时代的社会风潮息息相关。西汉武帝之后,儒家思想被确立为国家意识形态,随之而来的就是儒家思想中的"八德"——孝、悌、忠、信、礼、义、廉、耻——成为社会上人们普遍遵循的行为规范,进而潜移默化到各个家族的家风当中。在当代中国，国家提出了"富强、民主、文明、和谐；自由、平等、公正、法治；爱国、敬业、诚信、友善"的社会主义核心价值观，其内容随即成为当代家风内涵。家风的社会性还表现在它的相互融合兼收并蓄。近代以来，西方思想与科学相继传入中国，中国有识之士立足本土优秀传统文化底蕴，同时吸纳西方思想和科学，从而形成了传统与现代相结合的时代家风。此种家风的教化作用显而易见。梁启超九个子女，个个都是栋梁之材，被誉为"一门三院士，九子皆才俊"。钱氏家族文坛硕儒、科技巨擘云集，海内外院士数以百计，"原子弹之父"钱三强、"导弹之父"钱学森、"近代力学之父"钱伟长更是让人高山仰止。

（4）承继性

一个家族或家庭的家风是在一代又一代人的传承和践行中逐步完善，日臻成熟，最终达到优秀和卓越的。"生活作风"和"代代相传"是家风的重要标志。家风的承继性基本体现在生活作风上。生活作风包括价值认同和生活方式。价值认同在思想上指导生活方式，生活方式在生活的方方面面体现价值认同。家族中世世代代的家庭成员都认同祖上确立的价值观，那么他们才能自觉地去践行那样的生活方式。没有一代又一代人的价值认同，家风是传承不下来的。家风的表述要高度概括，简单明了、通俗易懂，这样才能利于流传。比如，孔氏家风就是"诗礼传家"四个字，它就集中反映出孔氏家族的价值认同，因此经久不息，流传了两千多年。

四、从孔氏家风看家风"定式"的形成

一种优秀家风的形成和传承应该具备两个前提条件，一是这个家族的成员必须具备良好的文化素养，二是这个家庭必须具有严格的家庭教育。在此，我们可以孔氏家风的产生、形成、发展与传承的过程，探寻一个家族的家风能够成为"定式"的密码。

在中国这片古老的土地上，孔氏家族应该说是最早形成的文化世家。孔

子其实就代表了这个家族的文化高度。历史学家柳诒徵说："孔子者，中国文化之中心也。无孔子则无中国文化。自孔子以前，数千年之文化赖孔子而传，自孔子以后，数千年之文化赖孔子而开。"孔子开创的儒家学说，就是关于做人的学问，它第一次为人类社会制订了做人的标准。譬如，他曾明确提出"仁、智、勇""三达德"的道德标准。孔子倾毕生精力探索如何通过对人的教育和启迪达到人性升华，从而让人们在关心自己的同时，也关心他人和社会。对社会如此，对家人亦如此。

（1）孔子首创"诗礼传家"，为孔氏家风奠基

孔氏家风源于孔子的"诗礼庭训"。《论语·季氏》记载：

陈亢问于伯鱼曰："子亦有异闻乎？"对曰："未也。尝独立，鲤趋而过庭。曰：'学《诗》乎？'对曰：'未也。''不学《诗》，无以言。'鲤退而学《诗》。他日，又独立，鲤趋而过庭。曰：'学《礼》乎？'对曰：'未也。''不学《礼》，无以立。'鲤退而学《礼》。闻斯二者。"陈亢退而喜曰："问一得三，闻《诗》，闻《礼》，又闻君子之远其子也。"

陈亢向孔子的儿子伯鱼打听："你在父亲那里得到过特殊的教诲吗？"伯鱼回答说："没有呀！曾有一次父亲独自站在堂前，我恰好快步从庭院中走过，他问我学《诗》了没有？我说没有。他说不学《诗》，就不懂得怎么说话。于是，我回去就学《诗》。另一天，他又一个人站在堂前，我快步走过庭院，他问我学《礼》了没有？我说没有。他说不学《礼》就不懂得如何立身处世。于是，我回去就学《礼》。单独教诲就听到过这两次。"陈亢回去高兴地说："我原想问一件事，结果得到三点收获，听到了学《诗》的意义，听到了学《礼》的意义，又知道了君子是不偏爱自己子女的。"

孔子为其家庭成员提出"学诗学礼"，首开诗礼传家道德风尚，为孔氏家族的家风建设奠定了坚实基础。

（2）孔氏家规对其家风进行固化

到了明代，孔氏族人越来越多，遍布全国。嘉靖三十五年（1556年），孔子六十四代孙孔尚贤袭封衍圣公。为管理好这一庞大族群，孔尚贤根据祖

训精神，于万历十一年（1583年）制定了10条详尽的《孔氏祖训箴规》，颁布全族，让全体族人严格遵守。这部家规的制订与颁布，让孔子"诗礼传家"的家风精神，由软影响变成了硬约束，使家风得以定格和固化。

（3）孔氏家族分支自觉践行，使孔氏家风成为"定式"

进入清朝，孔氏分支繁多，仅曲阜就分成了60户，即60支。各个分支自觉践行孔氏家风、家规，提出了各自的家训。我们这一支叫"旧县户"。我的高祖孔宪珍是清朝的七品官，他有四个儿子、七个孙子，都成家立业后全家五十多口人依然生活在一个大家庭。为管理好家庭成员，高祖就拟定了一个64字的家训。一百多年来，祖上的家训发挥着它的约束和教化作用，确保了家风精神落实在各个家庭成员身上。

孔氏家风培育人的总体目标是把人培养成为儒雅之士。"儒"是智慧与品行的境界，"雅"是修养与气质的高度。儒雅的内涵就是学有素养，行有教养，心有涵养。总体要求就是"为人有型，处事有格"。有文化，守规矩，为人有型，处事有格，这就是孔氏家风的实质和内涵。

在孔氏家风的影响下，从孔子时代到清朝末年，孔子后人中有5000多人取得了进士、举人、贡生等多种功名，占孔子后人总数的1.7‰，孔氏家族成为中国古代最早的文化世家。家族中的孔伋、孔鲋、孔融、孔安国、孔尚任、孔继涑以及当代的孔繁森等等，都给世人留下了优秀的精神遗产。

经过两千多年的凝聚与传承，孔氏家风已经形成了一种可资借鉴的家风"定式"，从而发挥着以文化人的重要功能。

中国古代名门家风灿若星辰，构成了一幅幅瑰丽动人的优美画卷。它们为中国无数个家庭竖起一个个美好发展的坐标，促进了不同历史时期中国社会的和谐发展。家风在塑造人的过程中，起到的是奠基作用，这是人生一切行为规范的前提。当一个人刚站在人生的起跑线上，良好的家庭育人环境就以先入为主的优势，为其构筑起人生旅途的底线，打造起抵御邪恶的盾牌，这对他一生具有十分重要的意义。因此，每个家庭都应该重视家风建设。

第一章
孔氏家风：有文化，守规矩

孔氏家风源于孔子。孔子生于公元前551年，卒于公元前479年。孔子，名丘，字仲尼，春秋时期鲁陬邑（今山东曲阜东南）人，著名思想家、教育家，儒家学派创始人。孔府，又称"衍圣公府"或"圣府"，位于山东省曲阜市明故城内，是孔子后裔直系子孙衍圣公居住的府第。孔氏家族历经数千年而不衰，有"天下第一家"的美誉，当今孔子后裔仍有300余万人。

从孔子庭训儿子孔鲤学诗学礼，到明代孔子六十四代孙孔尚贤制定纲领性族规《孔氏祖训箴规》，再到孔氏各分支自觉践行、传承，孔氏家族形成了"有文化，守规矩；为人有型，处世有格"的孔氏家风。

01 孔子姓孔吗？

孔子肯定不姓孔。孔子，子姓，孔氏，名丘，字仲尼。孔子叫孔丘，他有个哥哥叫孟皮，字伯尼。"伯"是老大的意思，"仲"是老二的意思，孔子排行老二，所以叫仲尼。因为弟兄俩生在尼山，所以老大叫伯尼，老二叫仲尼。

先秦时代，一般有身份的人，均有姓、有氏。姓是代表有共同血缘关系种族的称号，氏是区别贵贱的称号。孔子是殷商贵族后裔，姓"子"，而"孔"则是孔子这一支的氏。《孔子家语》记载，孔父嘉"五世亲尽，别为公族"。汉代之后，姓氏合为一体，不再区分。

孔子的远祖是殷商王室子姓贵族。商朝的第一个国王，也叫天子，他就是商汤。商汤家里的人都姓"子"，孔子当然板上钉钉，也得姓"子"。可是，他俩之间隔了1000多年，到孔子已经是第32代了。

商朝一共约有600年的历史。商朝最后一位天子是商纣王，他的名字叫帝辛。帝辛排行老三，他的大哥是微子启，二哥是微仲。因为老大、老二出生时母亲的身份是妾，所以他俩均为庶出。到生老三时，母亲由妾转为夫人，因此帝辛为嫡出，遂被立为太子，后来做了天子，就是纣王。

商朝末年，纣王暴戾，周武王起兵攻打商朝，最后牧野一战灭了商朝。周朝建立后，封了71个诸侯国，其中有一个诸侯国就设在了商丘，叫宋国，第一个国君就是商纣王的大哥微子启。微子启死了以后，他的二弟微仲当了第二任国君。这个微仲，就是孔子正宗的上14代祖先。

那时候，在宋国当官的都是商汤的后代，其中有个人叫孔父嘉，是孔子的上6代祖先，他当的那个官叫大司马，是指挥军队打仗的人。他当时心想，我们子姓家族太大了，应该单立个氏号把我们这一支分出来。他想来想去，叫什么氏号呢？我的名字里有个"孔"字，干脆就叫"孔氏"吧。从那以后，他们这一支就以孔为氏了。

孔父嘉后来得罪了宋国国君宋穆公的儿子，结果穆公的儿子发动政变，杀了孔父嘉。孔父嘉的儿子木金父顿时感到大难临头，连夜带领着家人逃出宋国，一路往北，跑到鲁国境内，然后马不停蹄，一路往东跑到尼山脚下的一个小村庄陬邑，在那里安顿下来。到了孔子这一代，他们已经是6代人生活在这里了。

02 孔子的母教

一说孔子是圣人,你肯定觉得他很风光。其实不然,孔子一生下来就很苦。3岁那年,父亲叔梁纥就死了,母亲颜徵在才20岁。父亲先后娶了三位夫人,大夫人生了九个女儿,二夫人生了一个残疾儿子,三夫人生了孔丘。父亲一死,孔丘的成长支柱荡然消失,母亲颜徵在成了他唯一的支撑。

颜徵在心想:"这样的家庭环境对小孔丘的成长是极其不利的。丈夫弥留之际曾经对我说过,孔丘是这个家族唯一健康的男丁,你要千方百计把他培养成人。他还说,鲁国的都城有很多古书。因此,我要带着儿子到那里去,让他成为有知识的人。再说,那里有丈夫的朋友,还有我的娘家人,或许能提供些帮助。"

颜徵在急不可待,在一个严寒的冬日就上路了。她左手领着年幼的孔丘,右手牵着跛脚的孟皮。孟皮的妈妈早已过世,他又是个残疾孩子,比孔丘更苦啊!从尼山脚下的陬邑到鲁都阙里足足有60华里路。早上还是阳光明媚,走到半路,就开始北风呼啸,乌压压的黑云一下子压到了头顶,接踵而至的大雪就飘了起来。前不靠村,后不靠店,娘儿三个相互搀扶,一步步在风雪中前行……

颜徵在四处寻找,租到了三间茅草房,娘仨这才安顿了下来。阙里的生活举步维艰,颜徵在思忖着:娘儿几个怎样才能生存下去?怎样才能让小孔丘、小孟皮产生学习兴趣?结果,她生出了一个好点子。她把三间房子中的一间辟作书房,收了五个小孩儿进行启蒙教育,得到了每个学生家5斗小米和一担干柴的酬报,这使他们的生活有了保障。孔丘、孟皮开始跟班学习礼节、仪式、写字、算数、唱歌等。学完启蒙课程,母亲把他俩送到城中最好的学堂念书。

为了启发孩子们的兴趣，颜徵在经常带着孔丘、孟皮到附近的太庙，也就是周公庙，去观看各种祭祀活动。这在孔丘幼小的心灵里铭刻上了周公的名字，周公成为他一生崇拜的偶像。孔丘和孟皮看到祭祀礼仪上用的一些礼器，回到家里就模仿着用泥巴捏出来，再一一摆上，模仿祭祀的样子。母亲见了，就一再鼓励他们，赞赏他们。鲁国国君在城南举行郊祭，颜徵在也带他们去增长见识。

母亲从小教育孩子自食其力，自己的事情自己做。母亲带头用自己的双手维持清贫的生活，从不祈求别人或争取友援，特别是针对孟皮残疾的现实，教育他一定要学会坚强。在母亲的教育下，孔丘、孟皮从小处着手，什么活儿都做，什么事儿都干。扫地、做饭、洗衣、种菜、挑担、推车、给人放牛放羊。稍大点以后，孔丘还学会了给乡邻的婚丧嫁娶做吹鼓手。孔子长大后曾说："吾少也贱，故多能鄙事。"

在母亲的精心培育下，孔丘不仅具备了良好的思想道德品质，还逐步掌握了"礼、乐、射、御、书、数"这6项技能，尚在年少之时，就成为远近闻名的博学之士。

生活终于把母亲击垮了，34岁那年，她带着无限的遗憾离开了人世。这一年，孔丘刚满17岁。他孤单一人，举目无亲。可是，他已经从母亲身上学会了坚强。这种力量将支撑着他独自前行，从而告别黑暗，走向光明！

03

诗礼庭训

不知道你去过曲阜的孔庙吗？孔庙里有一座建筑叫诗礼堂，是为了纪念孔子教育他的儿子孔鲤学诗学礼而建造的。其实，这个地方就是孔子的家。

一个静谧的清晨，太阳斜照在孔子家的院子里，大地上满是斑驳的光影。孔子正独立庭中，儿子小孔鲤正在撒欢儿，又蹦又跳地经过他身边。

这时，孔子叫住儿子，深情地问他："儿啊，你学《诗》了没有？"

"没有。"孔鲤随口回答。

"不学《诗》，无以言。"孔子关心地说。

《诗》是什么？就是《诗经》。它是孔子从西周留下的3000多首诗歌中筛选出来305首，又进行加工整理，然后才形成的诗歌集，是反映上古社会真实生活的百科全书。孔子教育他的儿子必须学《诗》，否则不仅不懂文化，就连说话也说不好。

又有一天，夕阳西下，火烧云把整个庭院映照得通红。小孔鲤又在外边疯玩儿了一天，这时候风风火火地往家跑，爷俩儿撞了个正着。

孔子把他叫住，又问他："孔鲤，你学《礼》了没有？"

孔鲤回答："没有。"

孔子循循善诱地说："不学《礼》，无以立。"

《礼》是什么？就是《礼经》，也叫《仪礼》。到孔子生活的时代，这部书已经快失传了，大部分书稿都找不到了，孔子费了九牛二虎之力才找到了17篇，又把它整理好。《礼经》中的这17篇文章，都是教给人们守规矩的。孔子教育他的儿子，不学习《礼经》，就学不会守规矩；一个人如果不守规矩，他在社会上就不能很好地生存。

孔子在他的庭院里对儿子的这两次教育，后来在孔家传为佳话，人们把它叫作"诗礼庭训"。这就是孔氏家风的起源。孔家的后人一辈又一辈地传承这种家风，就被人们誉为"诗礼传家"。

"诗礼传家"是孔子对他的后世子孙提出的两个最起码的要求，一个是有学问，一个是守规矩。对于一个人来说，这两个因素一个都不能少，如果少了，这个人就是不健全的。

04 孔府里头有件宝

如果你想知道人的规矩是怎么形成的，我可以带你去孔府看看那里的一件宝。这就是目前为止依然还保存在孔府里边的"甘蔗棍"。

孔府是中国古代最大的贵族庄园，孔府的主人生下来就是公爷小姐。按照我们的想象，人家还不是不用读书，不用做事，衣来伸手，饭来张口，享尽人间荣华富贵？其实不然，孔府里的孩子们吃的苦可能比我们更多，他们受到的约束可能比我们更严苛。

甘蔗棍就是用来专门惩罚犯了错的孔府家人的。说是甘蔗棍，实际上它根本就不是甘蔗，而是专用硬质木料做成的棍子，只是外形像甘蔗罢了。孔府里的人如果违反了家规，就用甘蔗棍痛打，被打的人挨打时不能说疼，每打一下必须大喊"尝到甜头了，尝到甜头了"，直到真正认识错误、深刻反省为止。

孔府对幼年时期的公爷和小姐要求十分严格，他们的成长环境甚至还不如今天的孩子们宽松。譬如吃饭，别看孔府有什么满汉全席，什么燕窝鱼翅、诗礼银杏、红烧肘子，那可不是给孩子们吃的。孔府平常的一日三餐也是粗茶淡饭，几个普通的小菜，再加上咸糊糊、煎饼、红薯、咸菜等。孩子们不能挑食，夹到什么菜就是什么菜，不许再放回去。住宿条件也不奢侈，孔德成小时候跟母亲住在一起，上学以后，就跟着私塾老师一起住在私塾里。两位小姐孔德齐、孔德懋住一间房子，床铺也是十分简朴。孔府里有专门的制衣坊，但做出来的衣服却不允许随便穿，孩子们只是过年过节才能换上新衣服，过完节后就要脱下来。孔德成从小到大就穿两种衣服，夏天长衫，冬天长袍，戴着一顶瓜皮帽。孔德成的两个姐姐孔德齐、孔德懋只穿蓝布大褂子、黑布鞋，用红头绳扎大辫子。有一年，过完年了，两位小姐不愿意把新衣服脱下来，被大人们狠狠地批评了一顿，直到换上旧衣服为止。

他们的学习生活也很艰苦。孔德成5岁上私塾，两个姐姐和府医的儿子刘三元一起陪读。孩子们每天早晨7点到私塾里背书，上午、下午都有课，冬天的晚上还要上灯学。无论寒暑，每天晚上都要写日记，孔府档案中，现在还保留着孔德成姐弟幼年时候的日记。私塾里10天休息一次，此外，只有在祭孔、清明和过年时才可以不上课。孔德成的父亲去世得早，作为公爷，他要去会见客人，每次会见之后，必须马上回来读书。近乎苛刻的教育，使每一代衍圣公和小姐们都能熟读经史子集，书法、诗词、绘画也都十分出众。

孔府的规矩十分严格。有一次，孔德成和陪读的同学刘三元一块玩儿打仗的游戏，不小心用小石头把刘三元的头砸破了，吓得孔德成躲了起来。女仆们把他找到，家长严肃地告诉他："如果不认错、不道歉，就用甘蔗棍打。"于是孔德成立即认错、道歉。在礼仪和规矩中长大的孔德成一生恪守道德情操，全国抗战爆发前夕，日本特务马场春吉来曲阜劝说孔德成去日本，孔德成坚决不去，并且拒绝与日本人交往。

孔子后人的规矩就是这样炼成的。

05

鲁壁藏书

啥是鲁壁？是鲁国的墙壁吗？不是。它说的是孔子后人家里的土坯墙。孔子后人家里房子的墙壁很独特，跟一般人家的不一样，是双层的，叫夹坯墙。没承想，这个夹坯墙还真出了名，上了中国的历史书。这是怎么回事呢？

从孔子的儿子孔鲤到孔谦，孔家七代单传，人丁稀少。直到秦朝初年，孔谦才生了三个儿子，老大孔鲋，老二孔腾，老三孔树。这时，秦始皇兼并天下，焚书坑儒，大肆破坏传统文化。

秦始皇下令把所有的儒家经典都烧掉，势头越来越猛，已经从京城波及地方。此时的鲁城阙里风声鹤唳，催交、搜查儒典的官兵步步紧逼。孔鲋家里确实珍藏着孔子花费半生精力编撰整理的《诗》《书》《礼》《乐》《易》《春秋》以及《论语》《孝经》等经典，孔家又是文化世家，自然首当其冲。孔鲋吓得成天魂不守舍，彻夜不能入眠。这天深夜里，他把两个弟弟喊起来，想让他俩一起出主意，想办法，商量如何才能把老祖宗留下的宝贝传下去。三人冥思苦想，竟然都想到了他家房子的夹坯墙。孔鲋说，我是老大，我得有所担当，出了事都是我的，今天夜里我们就把书藏在夹坯墙里，藏好后，我接着就离家出走，天明以后官兵追查，你俩就说我用一辆牛车把书拉走了。

当机立断，说干就干。当天夜里，弟兄三人扒开夹坯墙，把那又沉又重的竹简搬了一趟又一趟，每个人都累得气喘吁吁，满头大汗，直到把所有经书全部藏好，再封闭起来，伪装得不露一点痕迹，才算了了心事。果然，第二天一早，官兵就来搜查，孔腾、孔树一口咬定，书都让哥哥用牛车拉走了，官兵们接着四处去追，却不见孔鲋踪影。官兵们疑惑不解，孔鲋的牛车能走得这么快？

孔鲋连夜逃出了鲁城阙里，一路往南，天亮了，就躲藏起来，天黑了继续跑，用了几个月的时间，一直跑到河南，隐居在嵩山。他藏在深山老林不敢出来，饿了就偷偷出来找点果子吃；渴了，就到小水溪里用手捧点水喝。忽然有一天，孔鲋听到有熙熙攘攘的人群经过，悄悄出来一打听，原来是陈胜、吴广领导的农民起义大军，他就毅然加入了这支部队。

到了西汉景帝三年（前154年），皇帝刘启把他的儿子刘余从淮南迁到曲阜，封为鲁王，史称恭王。鲁恭王喜欢建造宫室，在扩建王宫拆除孔子故宅时，据说有人听到天上响起金石丝竹之声，有六律五音之美，结果从墙里面发现了《尚书》《礼经》《论语》《孝经》等几十篇蝌蚪文竹简，好多已经失传的典籍得以重见天日。

06

孔光嗣收留叫花子

唐朝末年，孔子后裔传到了四十二代，叫孔光嗣。孔光嗣秉持着孔家"诗礼传家"的好家风，注重道德修养，从小仁厚质朴。成年后，他与曲阜林后张王村张温的女儿结了婚，尔后生下一个男孩儿，起名孔仁玉。

那个时候，战乱四起，国家动荡不安，朝廷已经无法顾及孔府。封建社会有5个级别的爵位，叫"公、侯、伯、子、男"。过去，孔子嫡长孙都封到了"文宣公"的爵位，现在国家一乱，只给孔光嗣封了个泗水县县令的小官。

那是在唐天祐年间，有一天，一个外地要饭的叫花子来到孔府讨饭，突然病倒在门前。仆人急忙禀告给孔府的主人孔光嗣。孔光嗣不假思索，赶忙命人将他抬了进来，先让郎中查看了病情，然后留在府中养病。这个人名字叫刘末，本来并无大碍，就是又渴又饿，才倒在了门前。孔府里有吃有喝，没过几天，刘末就好了起来。刘末家里一贫如洗，他自己也是光棍一条，孔光嗣对他十分同情，就留下他在孔府里当差。

刘末人很机灵，做事利索，又会察言观色，因而得到了主人的信任。后来，孔光嗣就赐给他"孔"姓，"刘末"就成了"孔末"。没想到，这孔末从一个洒扫庭院的下人，一直干到了孔府的大管家，并且靠着孔府的名望，娶了兖州知府的女儿作妻子。

荣华和富贵都得到了，本应对孔府感恩戴德，但是穷人乍富的孔末还不满足，他还想当孔府的主人，于是他起了谋逆之心。那时正是五代十国时期，天下乱成了一锅粥。后梁乾化三年（913年），孔末带领着家丁到泗水，残酷地杀害了孔光嗣。回到孔府，他自称孔子嫡裔，篡夺了孔府权位。孔光嗣夫人张氏抱着9个月大的孔仁玉，伺机逃回林后张王村娘家。孔末为斩草除根，一路追杀孔仁玉母子到了张王村。为了能够留下孔氏家族的血脉，张姥姥急中生智，把与仁玉年龄相仿的亲生儿子张雷抱了出来，孔末随即杀了张雷，又杀了仁玉的母亲。接着，又将曲阜当地的孔子后裔戕杀殆尽。此后，孔末若无其事，俨然以孔子嫡裔自居，还做了曲阜县令。

后唐明宗长兴元年（930年），曲阜当地人把孔末假冒嫡裔一案上报官府，官府调查属实后下令处死孔末，命孔仁玉任曲阜县主簿，主持祭祀孔子。长兴三年，皇帝恩准孔仁玉袭爵文宣公。

孔光嗣的仁慈和忠厚换来的竟是孔府的一场大祸，并且差点儿造成灭顶之灾。孔子一生追求的君子品格在孔光嗣身上得到了生动体现，孔光嗣的君子品格与刘末的小人嘴脸形成了鲜明对照。

07

孔府有条冷板凳

孔府大堂至二堂的走廊里，现在还放着条长条凳，世人称它"冷板凳"。为什么呢？是因为明朝的权臣阁老严嵩曾经坐过这条板凳，并且受到了冷落，所以才叫"冷板凳"。

六十四代衍圣公孔尚贤的夫人就是严嵩的孙女、严世蕃的女儿。严嵩和严世蕃爷俩都很有本事，并且还会巴结讨好皇上，因而深得世宗皇帝朱厚熜的宠信，爷俩垄断了朝中大权，朝里的人称严嵩"大丞相"，称严世蕃"小丞相"。可是，他爷俩净做坏事，结党营私，贪污受贿，买官卖官，因而遭到弹劾，皇上要治他爷俩的罪。

严嵩急忙来到孔府，想求孙女婿孔尚贤去向皇上求情。严嵩无精打采地走进孔府，坐在走廊的长条凳上，等啊，等啊，足足等了三个时辰，孔尚贤硬是没有出来见他。从此，人们都叫这条板凳作"冷板凳"。

严嵩回到京城，世宗朱厚熜一道谕旨就罢了他的官，儿子严世蕃则被斩首。

08 孔尚贤作家规

明朝嘉靖三十五年（1556年），孔子六十四代嫡孙孔尚贤当上了衍圣公。孔尚贤心想，衍圣公是朝廷的一品大员，我不能亵渎了国家的信任，更不能辱没了孔家的名声。刚刚上任的孔尚贤踌躇满志，信心满满，立志要干出一番事业。

可是，有两件事始终萦绕在孔尚贤的心头，成为他前进的羁绊。一件是岳祖父严嵩家族的贪腐行为给自己以及孔氏家族带来的不良影响，第二件则是发生在他自己身边的负面事件。那是任职不久后，孔尚贤赴北京觐见皇上，他的随从人员却带上了曲阜当地的香大米、楷木雕、尼山砚等土特产沿途贩卖，造成不良影响，遭到朝廷惩罚。

这两件事给了孔尚贤深刻的启发。他想，孔氏族人越来越多，怎么样才能让族人从根本上做好事、做好人？我们老祖宗留下的"诗礼传家"的家风虽好，但是怎样才能具体地落实到人的行为规范上？那就要把家风精神变成家规。孔尚贤反思自身的缺点，汲取严嵩家族的教训，深刻领会祖训的精神，于万历十一年（1583年）制定了《孔氏祖训箴规》，颁布全族，让全体族人严格遵守。

《箴规》一共10条，涵盖了孔氏族人各个阶层为人处事的生活准则，强调"崇儒重道，好礼尚德"，要求子孙"父慈子孝，兄友弟恭，雍睦一堂"，无论在何时何地都要做到"克己秉公""读书明理""勿嗜利忘义"。

春雨潜入夜，润物细无声。代代孔氏族人严格遵守《箴规》，塑造出温润儒雅、质朴正直的君子品格，形成了崇德尚勤、廉洁礼让的风尚。明崇祯十三年（1640年），山东发生灾荒，瘟疫肆虐，孔子六十五代孙、衍圣公孔胤植奏请免除粮税，他自己也出钱出物救济灾民，先后救活几千人。孔子六十七代孙孔毓珣为官一任，造福一方，在任湖广上荆南道时，治理水患，筑堤捍江，人称"孔公堤"。

　　礼乐传家久，诗书继世长。孔子的"诗礼庭训"，孔尚贤的《孔氏祖训箴规》早已铭刻于孔子后人的内心深处，泛化于千万齐鲁人家，最终融入中华民族的血液，成为我们的一种品行，约束和规范着我们的言行。

09 / 孔尚任与《桃花扇》

孔尚任,出生在清初康熙年间,是孔子的六十四代孙,他创作的戏剧《桃花扇》,达到了清朝戏剧的最高峰。当时南方有个洪昇,创作了《长生殿》。两人被人们称为"南洪北孔"。

康熙二十三年(1684年),康熙皇帝到曲阜祭孔,孔尚任御前讲经得到赏识,被破格提拔为国子监博士。康熙二十五年夏天,孔尚任被清政府派往淮扬一带疏浚黄河入海口,正好碰上了在扬州定居的前朝大学士冒辟疆。这冒辟疆是明朝末年著名的四大公子之一,《桃花扇》的主角李香君和侯方域都曾与他有所交往。孔尚任与冒辟疆频频接触,竟然成了志趣相投的好朋友。

从李香君与侯方域的故事中,孔尚任深深品味到了民间的疾苦,也清醒地认识到了南明小朝廷为什么会迅疾覆亡,这时,他萌生了创作《桃花扇》的欲望。为此,他为自己安排了一次金陵之行。探访香君故里,凭吊明故宫、明孝陵,拜访明朝隐士,令他感触万千。如今,清流文人红粉佳人已悉数凋零,只有往事编织成的故事依旧鲜活。

创作的激情让他兴奋不已。他边工作边撰稿,而且写一出排演一出。一次,他看完一出戏后激动地写道:"箫管吹开月倍明,灯桥踏遍漏三更。今宵又见桃花扇,引起扬州杜牧情。"

康熙二十九年,孔尚任从江南回到北京,在淮扬感受到的民间疾苦与眼前亲历的尔虞我诈,让他对官场已不感兴趣。他不畏三更灯火,历时十年,三易其稿,终于写成《桃花扇》。书成立时洛阳纸贵,在京城内外声名大噪,连康熙皇帝也星夜传索剧本。据说看到南明灭亡的故事,康熙每每感叹:"弘光弘光,虽欲不亡,其可得乎?"昏庸的南明小朝廷的覆灭自可作为教训,但显然,刚刚开启的清朝盛世不需要这样一曲挽歌的哀叹。《桃花扇》写成的第二年,康熙皇帝就罢了他的官。

孔尚任被罢官后,在北京短暂逗留,于54岁这一年返回曲阜老家,在石门山隐居,终年70岁。逝后,于孔林毗邻孔子墓而葬。

《桃花扇》是我国现实主义文学的伟大作品,是中国戏剧史上的绝唱。《桃花扇》是孔尚任经过长期构思,在掌握了大量史实的基础上,根据真人真事创作的一部历史悲剧。侯方域在南京旧院结识李香君,共订婚约,阉党余孽阮大铖得知侯方域手头拮据,暗送妆奁用以拉拢。香君识破圈套退回妆奁,阮大铖怀恨在心。南明王朝建立后,阮诬告侯方域,迫使他逃离南京。得势的阮大铖欲强迫香君改嫁党羽田仰,香君以死相抗,血溅定情诗扇。友人杨龙友将扇上血迹点染成折枝桃花,故名"桃花扇"。后,南明灭亡,侯、李重逢。但国已破,何以为家?香君撕破桃花扇,他们分别出家。

孔尚任的一生,似乎只为《桃花扇》而来。他在《桃花扇》中说:"由来贾祸是文章,公子才人总擅场。一片痴情敲两断,还从扇底觅余香。"如今已经过去300多年,人们依然还能闻到桃花扇底的余香。

10 / 我的高祖家训

一说是孔子的后代，你别认为就会得到皇上和朝廷的优待。得到优待的只是孔子的长子长孙，说白了就是留在孔府里当衍圣公的那个人。进入明朝、清朝以后，孔子的后人达到几十万，甚至上百万，你说皇上能优待得过来吗？

我们这一支，就是曲阜60户中的第六户，也就是第六支。我的祖上孔克坚也曾经当过衍圣公，可他的后代已经从孔府里分出来多年。我的高祖叫孔宪珍，字瑞南，是孔子的72代孙。他的祖上孔弘倚在明朝中期明宪宗成化年间从旧县（宋代县城）迁到陵城马家庙村。高祖的父亲叫孔昭功，一辈子就生了高祖这么一个宝贝儿子，自然宠爱有加，可仍然按照祖上"诗礼传家"的教诲，从小就教育他忠厚传家，诗书继世。几岁的时候，高祖的父亲就带他下地干活。还没成年，他就懂得了春播、夏作、秋收、冬藏的道理。虽然力气还没长全，可耕耙耩扬等一般的农活把式，他都初步掌握了。与此同时，高祖的父亲对他进行启蒙教育，《三字经》《百家姓》《千字文》《弟子规》早已烂熟于心。10岁起，他开始上私塾。

高祖成年了，天天跟着太阳转，日出而作，日落而息。他看自己的父亲一天天年迈，就把家庭的管理和农田的耕作都接了下来。他不仅成为农耕的好把式，而且懂经营、会管理。家里的土地越来越多，却很零散，他想方设法把零碎的地块与同乡人交换，形成大块田地，实行统一种植，规模管理。按照农时，他找来短工进行助耕，大大提高了耕作效率。精耕细作，滚雪球式发展，再加上勤俭持家，高祖的基业开始兴旺，土地一下子增加到240多亩。

费神的家庭管理，高强度的体力劳动，没有影响高祖的学业。他三更灯火五更鸡，昼耕夜读，最终成为乾隆皇帝御授的七品官，还被任命为负责孔庙祭祀的官员。

高祖成家了。他与本地杨家屯村大户人家赵氏之女结为夫妻。高祖母一进家门，就带来了好福气，她给高祖一连生下4个儿子：庆福、庆禄、庆祥、庆祯。4个儿子相继结婚了，他们又为高祖生下7个孙子：繁滨、繁淋、繁泗、繁注、繁源、繁渭、繁洲。7个孙子又结婚生子，繁育后代，这个家族已经成为一个50多口人的大家庭。

这么一个大家庭，如何管理好家庭事务，如何顺应农时搞好生产，如何处理好邻里关系，这成为高祖思考的一个大问题。高祖依据始祖"诗礼传家"的家风和六十四代衍圣公《孔氏祖训箴规》，拟定了一个小家族的家训：

黎明即起，洒扫庭除；自我检点，不扯滥务；

居身简朴，辛勤劳杵；一丝一缕，恒念力物；

粗茶淡饭，慎近酒酤；恪守信义，邻里互助；

忠厚传家，苦读诗书；振振绳绳，繁我孔族。

100多年来，祖上的家训发挥着它的约束和教化作用，大家都能做到诚实守信，中规中矩，没有一个人因为恶迹受到惩处。目前，我们这一宗支五服以里已有150多人，虽已分居各地，建立了各自的小家庭，但仍秉持家训教诲，和睦相处，其乐融融。

第二章
颜回家风：不怕贫穷，把学习、做事当成快乐

颜回生于公元前521年，卒于公元前481年。颜回是孔子最得意的弟子，是中国古代儒家五大圣人之一，素以德行著称，孔子曾经称赞他安贫乐道的品质说："一箪食，一瓢饮，在陋巷，人不堪其忧，回也不改其乐。"颜回开颜氏家族勤俭清正家风之先河。他40岁时早于孔子去世，孔子为其早逝而极为悲痛。

至南北朝时期，颜回三十五世孙颜之推著传世之作《颜氏家训》，被公认为我国最早的系统完整的家庭教育专著，遂把颜氏家风推向又一个高峰。这部家训以儒家思想为主导，旁涉道、佛，涵盖了从饮食起居、修身养性到为人处世、求仕致学等方面的内容，为后世家庭家风建设提供了指归。

11

箪食瓢饮

孔子一生弟子三千,贤者七十二人,颜回是他最得意的门生。

颜回也是春秋时期鲁国人,他比孔子小 30 岁,因为他是孔子母亲娘家的人,所以他俩就算得上表亲。他们住的地方距离并不远,孔子住在阙里街,颜回住在陋巷街,说起来也就一路之隔。

颜回 14 岁那年拜在孔子门下,成了他的学生。这时候的孔子 44 岁,他 30 岁时正式开办私学,招收学生,已经成为大名鼎鼎的教书先生了,颜回的父亲颜路早就跟着孔子学习了多年,父子两个跟同一个老师上学,这还真让当父亲的激动不已。

这一年的阳春三月,芳菲葳蕤,杏花初绽,一场春雨使得杏坛上下生机盎然。子路、曾点、冉伯牛、南宫敬叔等一干弟子早已围坐在杏坛。这时,孔子手持戒尺,微笑着走向高高筑起的土台子的正中间,然后盘腿端坐在事先铺好的草垫上。全场鸦雀无声,颜路示意儿子走向讲坛。

虽是第一次行拜师之礼,颜回却是毫无拘谨,他大大方方走到先生面前,双膝跪地,双手献上束脩,也就是 10 根风干的肉条,这就是老师收的学费。颜回过"百天"时,孔子曾经见过他一面,没想到如今已是少年英俊,相貌堂堂。打量着颜回矜持中彰显出的大方,孔子心想,这一定是棵好苗子。

其实,颜回家里并不富裕,虽然祖上也有些许田产,一来家里人口越来越多,二来都是些薄地,十年九不收。他家住的那条街上,没有什么富户人家,要不咋叫"陋巷街"呢。自从拜师以来,他激动,他高兴,他学起来比谁都认真。可一到麦子泛黄的时候,家里就断顿儿了。一连几年下来几乎都是这般光景。颜回也没感觉到有多么清苦,他用竹筐子端着菜团子吃,用瓢舀清水喝，觉得只要能跟着老师学习就是一种快乐。

颜回虽小小年纪，可与老师却是心有灵犀一点通。老师的点拨式教学，有时会给他插上无穷的想象的翅膀。一次，听完老师的演讲回到家里，他夜不能寐，浮想联翩："老师的形象啊，我越抬头看您，您就显得越高大；您的学问啊，我越钻研它，它就显得越深厚。我似乎觉得，老师刚刚还站在我的前面，转眼一看您又站立在我的后面。真的是好神奇啊！《诗经》上说：'高山仰止，景行行止。'您是一座巍峨的高山啊，令人们景仰；您是一条宽广的大道啊，让人们行走。老师，我一定追寻您的路径，跟着您走下去！"

12
闻一知十

鲁国国君鲁哀公,有一次碰到了孔子,好奇地问:"你的学生中谁最好学呢?"孔子随口答曰:"颜回最好学。他不仅好学,而且当自己有怨气的时候还不把气儿撒到别人身上;他如果犯过一个错误,绝对不会再犯同样的错误。"

颜回14岁拜师,跟孔子学习,仅仅五六年的时间就已经学业有成。对于老师教授的知识,他总是比别的学生理解得透彻,领会得深刻。对于一些社会现象、社会知识,他也是举一反三,细心揣摩。

这年夏天,比颜回大十几岁的子路喊他去河里游泳。当时,鲁国这边有三条河,城南是沂河,城北是泗河,为了排涝抗旱还在城边挖了一条人工河,叫洙水河。这洙水河离城最近,他俩一商量,就去了洙水河。这时正是雨季,河水丰沛。子路、颜回的水性虽还比不上老师,可已经能在水里俯仰自如。一气儿游了个够,他俩上岸,坐在树荫下小憩,一时水面也平静了许多。

少顷,一只水鸟游了过来。它羽色艳丽,额头翠绿,左顾右盼,肯定是在等它的同伴。颜回心想,这是鸳鸯鸟,它是在求偶。

"看什么呢?"子路大叫一声。

"你看那只鸟,它在干什么?"颜回若有所思。

"喝水。"子路不屑地说。

"我是说,它不是在等另一只鸟吗?"颜回说。

"那谁知道,我又不懂鸟语。"子路说。

"要是懂鸟语的公冶长在这儿就好了。那你知道这鸟的名字吗?"颜回故意地问。

子路不假思索："荧荧鸟。"

子路的回答让颜回感到不快。

过了几天，子路又邀颜回到泗河游泳。上岸后，与上次同样的两只鸟又游了过来。颜回问："还记得这种鸟吗？"

"同同鸟。"子路早已忘了他上次说的名字了。

颜回沉思了一会儿，真诚地说："子路兄，记得老师给我们说过：'知之为知之，不知为不知，是知也。'我觉得，你根本不认识这鸟。这是当地常见的一种鸟，它叫'鸳鸯'。"

子路说："是吗？我是个粗人。这方面以后还真得向你学习。"

子贡也是孔子的学生中优秀的一位，孔子夸奖他全面发展，是"瑚琏之器"。有一天，孔子故意问子贡："你和颜回相比，谁更优秀呢？"子贡回答说："我怎么敢和颜回相比呢？他懂得了一件事，能推知十件事；我懂得一件事，顶多能推知出两件事。"孔子点点头说："我同意你的看法，我和你都不如他啊。"

13

颜回是小偷吗？

颜回是孔子学生中最讲仁德的弟子，可为什么还一度被认为是小偷呢？这是因为颜回家里穷啊。作为一般人，一穷就寒酸，可人家颜回，家里虽穷，但身上有的是骨气。

当时孔子兴办私学，招收学生不管家里贫富贵贱，只象征性地收上一束干肉作为学费，因此他的大多数学生家庭都不富裕。孔子既是校长，又是老师，还是监护人，这就相当于家长，起初师生之间十分融洽，同学之间也没芥蒂。可后来，偶尔有同学丢失了文具。这能是谁偷的呢？恰巧这颜回家里穷，有时连饭也吃不上，笔墨等文具有时也带不全，并且他人又比较木讷，也不善交际。这样一来，大家就怀疑到颜回头上，传来传去还传到了老师那里。

孔子心想，颜回那么好的一个学生，能做出这事来？可传的人多了，他不免也有了疑惑。但毕竟不能冤枉一个好人，他就安排学生拿了一锭金子，趁放学丢在颜回回家的路上，并在旁边写上"天赐颜回一锭金"。颜回放学后匆匆忙忙往家赶，果然发现了金子。他想："蹊跷！上天怎么会赐予我金子？不是我的，眼皮也不能翻。"他拿出笔来，匆匆在旁边补上一句话："外财不发命穷人。"而后，从容地离开了。跟踪的同学拿回金子交给老师，大家这才打消了颜回偷东西的疑虑。

大家都知道孔子周游列国"陈蔡绝粮"的典故。孔子带领他的弟子们周游列国，走到陈国与蔡国交界处，因为受到当地人误解被围困起来，七天七夜没吃上饭。颜回四处奔波，弄回来一点米，赶紧搭起火来，为大家做饭。

一阵饭香的味道飘了过来，孔子睁开了眼睛，正好看见颜回抓了饭放到嘴里。孔子假装什么都没看到，继续闭上眼睛睡觉。过了一会儿，饭熟了。

颜回先盛了一碗，恭恭敬敬地给孔子端来。

孔子坐起来，若无其事地说："我刚才梦见了我的父亲，如果饭干净的话，就先祭奠一下他老人家吧。"

颜回赶紧说："不行不行，这饭不干净。刚才煮饭的时候，有一点炭灰落在锅里，我就把沾上灰尘的饭粒抓出来，我觉得扔掉了很可惜，就填在嘴里吃掉了。"

孔子这才知道了颜回"偷吃"的真相。他把弟子们召集起来，对他们说了自己误会颜回的事。他说："我们大家平时最相信自己的眼睛，认为眼见为实，可是，刚才的事实证明，眼见的不一定都是对的。我们应该从这件事得到启示，要了解一个人是不容易的。"

14

买驴不见驴

"买驴不见驴"的故事出自颜之推的《颜氏家训》。颜之推何许人也？他是颜回的三十五代孙，南北朝时期著名教育家、文学家。

魏晋南北朝是中国社会的一个特殊时期，国家长期分裂，政权频繁更迭，战争此起彼伏，生命朝不保夕。颜之推曾经在四个朝代当官，经历了三次改朝换代，两次被俘入狱，后又死里逃生，时代的印记在他身上表现得淋漓尽致。他以自己的人生经历著就了7卷20篇的《颜氏家训》，告诫后世子孙怎么做人、怎么做事，被学界称为"古今家训，以此为祖"。

在《颜氏家训》的《勉学》篇中，记载了一则博士买驴的笑话，这是颜之推到邺城去办事时听到的。

当时有个博士，熟读四书五经，满肚子文韬武略。他非常喜欢自我欣赏，做什么事都咬文嚼字。

有一天，博士家的一头驴子死了，耽搁了家里的活计，需要抓紧到市场上去另买一头。

家畜市场上好不热闹，卖牛的、卖马的、卖驴的比肩接踵。博士从集市的南头走到北头，又从东头逛到西头，终于找到一头毛光发亮又性格温顺的毛驴。博士和卖主一来二去讨价还价。价钱讲好后，博士让卖驴的写一份凭据，可卖驴的不识字，更不会写字，就请博士代写，博士欣然答应。

卖驴的当即借来笔墨纸砚，博士马上书写起来。他写得非常认真，写了好长时间，硬是写了三张纸，上面的字规规整整，密密麻麻。卖驴的请博士念给他听听。博士伸了伸脖子，干咳了一声，摇头晃脑地念了起来，引得过路人都围拢上来。

过了好半天，博士终于念完了。卖驴的却愣了神，他百思不得其解，茫然地问博士："先生，你写了满满三张纸，怎么连个驴字也没有呀？其实，只要写上某月某日我卖给你一头驴子，收了你多少钱，也就完了，为什么唠唠叨叨地写这么多呢？"旁观的人听了，都哄笑起来。

《颜氏家训》上说："博士买驴，书券三纸，未有驴字。"这就是教育人们做事要开门见山，简洁明了，不要绕弯子。

第三章
曾参家风：做一个孝顺的人

曾参生于公元前505年，卒于公元前434年，名参，字子舆，春秋末年鲁国南武城（今山东平邑南）人，我国古代著名思想家，孔子早期弟子之一，儒家学派重要代表人物，被后世尊为"宗圣"。曾子主张以孝恕忠信为核心的儒家思想，他的修齐治平的政治观，内省、慎独的修养观，以孝为本的孝道观至今仍具有极其宝贵的社会意义和实用价值。他曾参与编纂《论语》，撰写了《大学》《孝经》《曾子十篇》等著作，形成了道传一贯、孝行立家的曾氏家风。

15 接过孔子的接力棒

曾子的名字叫曾参，他是孔子学说的直接传承人，比孔子小46岁。

孔子67岁那年，他的夫人亓官氏去世了。70岁那年，他的独生子孔鲤又去世了。那时候，儿媳还年轻，为了让她有个归宿，孔子就劝说她改嫁了。可不幸的是，儿媳改嫁后也先于孔子去世。孔子有个女儿，嫁给了孔子的学生公冶长。公冶长是今山东诸城人，女儿结婚后自然也远走他乡。这时候接踵而来的是颜回去世、子路去世。孔子风烛残年，悲痛至极。

73岁这年，孔子自感生命之灯即将熄灭。临去世的倒数第七天晚上，他拖着疲惫的身躯，站立在大门的外边，放声高唱："泰山其颓乎，梁柱其折乎，哲人其萎乎！"泰山即将崩塌了，梁柱也要折断了，哲人快要离开人世了！回到屋里，他把曾参叫到跟前，有气无力地说："你知道为什么我在孔林里安排了'携子抱孙'的墓穴吗？我活着的时候，没能给孙子提供一个完整的家，百年之后，也要把他放在我的前边，我要天天抱着他，看着他。"说着，眼泪就扑簌簌地流下来。稍停片刻，孔子就向曾子托孤："我未成年的小孙子子思就托付给你了。"就这样，曾子不仅成了子思的老师，还是子思的"法定监护人"。

孔子的去世给曾参带来了沉重的打击。回望老师的一生，曾子浮想联翩，夜不能寐。老师对人类，就是一座永不熄灭的灯塔。他创立儒家学说，拟定了做人的标准，促使人性升华；他兴办私学，把教育普及民间；他编撰"六经"，让中华文明有序传承。现在老师走了，曾子觉得有责任把他的思想和言论记述下来，传承下去。

曾子首先叫来有若和子思一起商量，在孔子所有的弟子中收集整理老师的所做、所为、所思、所想。曾子、有子、子思等东奔西走，足迹遍及华夏大地，用了将近二十年的光景，把孔子弟子们的学习笔记收集起来，把他们与孔子的对话整理起来，把对孔子的记忆记录下来。到了曾子晚年，这部记录孔子大半生言行的《论语》就问世了。

为利于世人学习《论语》，有效地传播儒学，曾子夜以继日，通宵达旦，完成了儒家经典中具有纲领性意义的著述《大学》。为记录、阐释孔子学说中的"孝悌"思想，曾子还创作了《孝经》，该书后被列为十三经之一。

在儒家学说传承发展的历史上，曾子成功地接过了孔子手里的接力棒，成为承上启下的第一人。孔子——曾子——子思——孟子，这个学术链条凝聚起来的人越来越多。

16 曾子杀猪

众所周知,在儒家伦理体系中有个"五常"。"常"是什么意思?"常"就是恒久的意思。"五常"包括儒家要求人们做到的五项道德原则,也就是"仁、义、礼、智、信"。这五条,人们要一直遵守下去。对于给世人提出的行为准则,儒家的代表人物更应该自觉遵守。下面,就给大家讲一个曾子践行诚信的小故事。

一天,曾子的夫人要到集市上去买东西,她儿子哭着闹着也要跟着去。

这时候,曾子看见了,就劝说儿子:"不要去,爸爸在家呢,跟爸爸玩儿。"

"不嘛,不嘛,我就跟妈妈去。"儿子执拗地说。

母亲拿儿子也很无奈,就哄骗他说:"好乖乖,你先在家待着,待会儿我回来杀猪给你吃。"

那时候,一般人家平常哪能吃上肉?一听妈妈说要杀猪吃,儿子的口水都快要流下来了。

不到半个时辰,曾子的夫人拎着大包小包从集市上回来,这时,就看见丈夫正在捉还没长成个儿的小猪,他卖力地从院子的东头追到西头,又从西头追到东头。

妻子莫名其妙,问丈夫:"你要干啥?"

"逮猪杀猪啊。"曾子说。

妻子忙上前劝阻,她说:"你还拿这事当真?我只不过是跟孩子开个玩笑,逗他玩儿的。"

曾子说:"你这可不能开玩笑啊!现在孩子还小,他怎么知道你是在给他开玩笑?孩子现在还没有形成思考和辨析的能力,他要向父母模仿、学习,他要听从父母给予的正确教导。现在你欺骗他,这就是教育孩子将来欺骗人啊!母亲欺骗孩子,孩子就不会再相信自己的母亲了,这不是教育孩子的正确方法啊。"

曾子一边念叨着,一边把猪逮住杀掉,然后上锅煮了,让孩子吃到了香喷喷的猪肉。

儿子一天天长大了,他也像父亲一样诚信,成为一代仁人君子。

17

小打就挨着，大打赶快跑

有人认为父母打孩子天经地义，合天下的父母没打过孩子的可能极少。作为孩子，没挨过父母打的那可能也是万里挑一。因此古人云"棍头出孝子，箸头出忤逆"，也就是认为，棍棒打出来的都是好孩子，用好吃的好喝的宠溺出来的都是坏孩子。

我想，这只能是个悖论。人家曾子曾经写过一部书，叫《孝经》，对什么是孝作了详细论述，其中有一条，孝敬父母就要关爱自己的身体，你的身体受到了伤害，父母就要疼得慌，就伤心，让父母伤心就是不孝。这样说来，小孩儿挨打的时候，也要讲究策略，也要灵活掌握，父母小打小闹，轻轻地打你，你就装装样子，心甘情愿地挨两下，让父母得到心理的慰藉和平衡；父母要大动干戈，操家伙动真格，你必须撒腿就跑，不然，打到身上，自己受皮肉之苦，父母反过神儿来还要伤心，这不是不孝吗？其实，这是曾子的老师孔子教给曾子这么做的。

曾参小时候就开始学习干农活儿。有一天，他跟着父亲下坡锄地，也就是用锄头把禾苗周围的杂草除掉。过去的锄头足有一米多长，小孩儿拿起来很吃力，下锄更是没有谱，杂草离禾苗的根茎很近，既要除掉杂草，还要不伤害禾苗，那确实是一件技术活儿。当时，正值盛夏，艳阳高照，父亲在前面锄，儿子在后面跟，父子俩双双汗流浃背。"不好！"曾参大叫一声，他一不留心连草带苗都锄掉了。要知道，过去种地是多么不容易，锄掉一棵苗，肯定就会少收一些粮食。想到这里，曾参的父亲气就不打一处出，情急之下，他就用锄把砸向曾参。就这一下，曾参就被打昏在地，喘不上气来。夏天的庄稼地里，又闷又热，不知过了多长时间，曾参才苏醒过来。清醒之后，他不顾自己身体伤情,而是先向父亲认错,还问父亲:"您打儿子,是不是伤着了自己的身子?"回到家里,为了安慰父亲,曾参竟然还弹起了琴,唱起了歌。

曾参确实把孝做到了极致。同学们听说后,把这事告诉了老师。孔夫子听后不仅没感到高兴,反而大发雷霆:"你们告诉曾参,以后不要让他再来见我了,我不教这样的学生了。"可曾参是一个脚踏实地的好学生,老师不让去,他哪里肯,还是硬着头皮去了。

一见面,孔子对他是既气得慌,又疼得慌。老师对他循循善诱:"假如你的父亲盛怒之下,一不小心把你给打死了,你就会把父亲陷于不义之中。因为别人说起来,就会道你父亲的不是,说你父亲这么狠心,把自己的亲生儿子都给打死了。这样,你既受了皮肉之苦,又让父亲陷于不义,这就是不孝。"

听了老师的话,曾参还是一头雾水,而后茫然地问:"老师,那我应该怎么办?"

孔子说:"以后遇到这种情况,你要做到'小杖则受,大杖则走'。也就是说,如果轻来轻去地打你,你就忍了;如果动真格的往死里打,那就赶快跑。"

听了老师的话,曾参和其他同学都会心地笑了。

18 跪着的老师教不出站着的学生

跪着的老师，教不出站着的学生；没有师道尊严，哪来的高质量教学？你让老师对你卑躬屈膝，你长大后就会向世人卑躬屈膝。从古至今，这就是一条颠扑不破的真理。

中国古人有言："一日为师，终身为父。"过去的学生拿着老师是当作自己的父亲对待的。古代人的家里，逢年过节供奉的牌位是"天地君亲师"，也就是敬天地、敬国君、敬父母、敬老师。可见，老师的地位有多高。实践证明，尊敬老师的学生大多都学业有成，有所建树；拿老师不作数的人，一般在学校就被边缘化，进入社会更被边缘化。在这里，我们就来讲讲"曾子避席"的故事，看看曾子是如何尊敬老师的。

"曾子避席"出自《孝经·开宗明义章》。故事说，这天，学堂里不上课，老师孔子闲来无事，在家里席地而坐。曾参素来忠厚体贴，他怕老师休息日一个人在家里孤独，就来陪老师。进门后，先向老师作揖请安，然后恭恭敬敬地坐在老师身边的席子上。

常言说，师徒如父子。学生的到来，让孔子很开心，师生之间的惬意和默契油然而生，他们海阔天空地聊了起来。

老师说："过去的帝王有最优秀的品行和最根本的道德，以使他们管理的社会和顺，百姓之间和睦相处，社会上下也没有怨恨和不满。你知道这是为什么吗？"

曾参听了，知道老师要教给他深刻道理，于是立刻从坐着的席子上站起来，十分敬重地说："老师，我这人不聪明，哪里知道这么深刻的道理，还请老师指教。"

这里，曾参表现出来的是两个方面的修养素质，一是谦虚，二是尊重。对于老师所讲的道理，不管自己懂与不懂，都要先让老师讲出来，这样才是求知的一种正确态度；老师向你问话，回答之前，你不能若无其事地坐在那里，曾参是立即站起来，离开座席再回答，这表示出他对老师的充分尊重。另外，大家要知道，这不是在课堂里，而是在休息的场所，曾参还是如此尊重老师。作为学生，只有做到谦虚和尊重，老师才会心甘情愿地把知识传授给你，才会教给你做人的道理。

　　老师有了尊严，才能教出好学生。"曾子避席"的故事是否能给予你启示呢？

第四章
孟轲家风：做人要有骨气

孟轲生于公元前372年，卒于公元前289年，名轲，字子舆，邹（今山东邹城东南）人，战国时期哲学家、思想家、教育家，是孔子之后、荀子之前儒家学派代表人物，与孔子并称"孔孟"。孟子是鲁国贵族孟孙氏的后裔，少年时家道贫寒，受教于孔子的孙子子思的弟子。成年后，以弘扬孔子学说为己任，率弟子周游列国。晚年专心讲学，著书立说，将孔子学说系统化，其言论著述收录于《孟子》一书，被后世尊称为"亚圣"。孟子宣扬"仁政"，最早提出"民贵君轻"思想；重视对人的教育，要求做到居家孝顺父母，出门敬重长者，遵守礼法道义。他提出"富贵不能淫，贫贱不能移，威武不能屈"，塑造出一个伟大民族的风骨，也支撑起孟氏家族的优秀家风。

19

孟母三迁

荀卿在《劝学》中说："蓬生麻中，不扶而直；白沙在涅，与之俱黑。"意思是，秉性弯曲的蓬草如果长在麻地里，不用扶持也能直立挺住；白色的沙子如果混进了黑土里，白沙也就与黑土一起变黑了。这里讲的，就是环境对客观事物有着直接的影响。"孟母三迁"讲的就是孟子的母亲为小孟轲选择成长环境，从而造就一代大师的故事。

孟子的名字叫孟轲，是战国时期邹人，中国古代伟大的哲学家、思想家、教育家。他是孔子孙子子思的学生的学生，是子思之后儒学发展史上的重要里程碑，与子思并称"思孟学派"，与孔子并称"孔孟"。孟子倡导的"富贵不能淫，贫贱不能移，威武不能屈"，成为中华民族的风骨。

孟子的母亲因为培养出了这样一位伟大圣人，被世人尊称为"孟母"，她的事迹被写入《三字经》，"昔孟母，择邻处"世代相传，耳熟能详。

孟轲出生的小村庄叫凫村。他很小的时候，父亲就去世了。他的母亲没有改嫁，一个人带着小孟轲艰难地生活。当初，他们的家在村边上，靠近一个家族的墓地，时常有死了人往里边埋葬的，这里的人叫发丧。发丧时，死去的老人的子女就会悲痛地大哭。清明节、寒衣节还有来上坟的，子女们也是痛苦不已。小孟轲就经常模仿人家哭丧的样子和上坟的情景。母亲一看，这怎么能行？这样下去，肯定不利于孩子的成长，于是就搬家了。

这一次的新家恰巧挨着一个集市，集市旁边还有一个屠宰场，杀猪宰羊嗷嗷乱叫。这下可好了，小孟轲有事没事就学猪叫、学羊叫、学集市上的叫卖声。母亲一看，这环境更不行，她立马又搬了家。

这一次搬家搬到了一所学堂的隔壁。每天早上，一位花白胡子的先生手

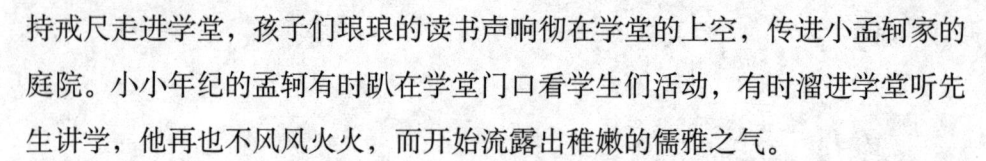

持戒尺走进学堂，孩子们琅琅的读书声响彻在学堂的上空，传进小孟轲家的庭院。小小年纪的孟轲有时趴在学堂门口看学生们活动，有时溜进学堂听先生讲学，他再也不风风火火，而开始流露出稚嫩的儒雅之气。

小孟轲正式上学了。一天又一天，一年又一年，他终于走上了成功之路。

近朱者赤，近墨者黑。朋友，你要为你的孩子提供一个什么样的学习环境，造就一个什么样的成长氛围呢？

20

断机教子

贪玩儿是孩子的天性。对于贪玩儿的孩子，父母应该因势利导，逐步为孩子立规矩，让孩子做到有章可循，受到约束，从而在一定的框架内循序渐进地茁壮成长。

孟轲小时候非常聪明，但是又非常顽皮。到学堂上学后，他学得快，学得好，也听老师的话。可是，过了一段时间后，新鲜劲儿过去了，小孩儿贪玩儿的本性渐渐地显露出来。有时候逃学，跑出去跟孩子们一块儿疯玩儿；有时候早退，还对母亲谎称是肚子疼了才早回来的。

有一天，孟轲又连蹦带跳地早早回来了。母亲正在织布，仔细一看，觉得不对劲儿，这不像身体不舒服的样子，知道儿子又逃学了，心里特别难受。她停下手里的活计，把孟轲叫到跟前，拿了一把刀子，把正在织着的布一刀割断。小孟轲吓了一跳，哇地哭了起来，问母亲为什么要这样。母亲伤心地流下眼泪，对儿子说："你不好好上学，就像我割断这正在织着的布一样！"母亲擦去脸上的泪珠，也帮儿子拭去泪水，把他揽在怀里，对他晓之以理：你看我织布，是靠一经一纬的劳作，一丝一线的积累，才能把布织成。你上学也就像织布，只有每天都这样一点一点地去做，每天都这样耐心地坚持，最后才能成功。你如果逃学，就像我把这织布机上的布割断一样，它就会半途而废。接下来，母亲继续循循善诱，对孟轲说，你现在的老师的老师就是子思，子思是孔子的孙子，他比你还苦，小时候就没有了爸爸妈妈，也没有了爷爷奶奶，从小以曾子为老师，刻苦学习，终于成了大家。

孟轲激动得哭了，他告诉妈妈："我不会让您伤心的，我一定要像子思一样，发愤努力，好好学习。"

21 进屋一定要敲门

不管在外边,还是在家里,只要进入别人的房间,就必须先敲门。那么,敲门有什么作用呢?说起来作用可大了。首先是给屋里的人一个提醒,让他有个思想准备,不至于因感到太突然而手足无措;其次是避免屋里的人衣冠不整,见到外人感到尴尬;三是避免屋里杂乱无章,让别人觉得主人不利索。别说,古代的孟子还就是因为要进入自己妻子的房间没有敲门而闹出了一个小乱子。

孟轲那时候刚结婚不久,夫妻双方对对方的生活习惯还不是非常了解。一天,孟轲的妻子独自一人在屋里,叉开腿蹲在地上做针线活儿。妻子非常专注,以至于丈夫进屋她都没有察觉。孟轲大步流星走进屋里,看到妻子衣着打扮很不讲究,屋里也十分零乱,觉得很是诧异,甩手就走了出去。

孟轲走进上房,见到母亲,就向母亲陈述了刚才见到妻子的那一番情景,然后说:"母亲,这个妇人不讲礼仪,请您老准许我把她休了吧。""休了"就是离婚的意思。

孟母一听,十分愕然,急忙询问儿子:"原来好好的,这是为什么?"

孟轲振振有词地说:"她叉开腿蹲在地上,一点儿也没有妇人应有的样子。"

母亲问:"你什么时候发现的?你是怎么看到的?"

孟轲说:"我刚才亲眼看见的。我从外面急急忙忙回来,进屋一看她就是这个样子。"

母亲慢条斯理对孟轲进行开导。她说:"孔子编撰的六经,其中一部叫《礼经》,可能你还没学到这里。《礼经》上不是这样说吗,将要进门的时候,必须先问谁在屋里面；将要进入厅堂的时候，必须先大声喧哗，让里面的人知道；将要进屋的时候，必须眼往下看。《礼经》这样讲，为的是不让人措手不及，无所防备。今天，你到妻子闲居休息的地方去，进屋也不敲门，没有声响，人家当然不知道，因而才让你看到她那个样子。这是你不讲礼仪，而不是你的妻子不讲礼仪。"

孟轲听了母亲的教诲，认识到自己错了，再也不敢讲休妻的事了，心想：礼仪这东西还真重要，不懂不能装懂，我因为今天的莽撞差点儿铸成大错。

第五章
周公家风：做人要严谨，做事要尽心

周公，姓姬，名旦，是周文王姬昌第四子（一说第三子），周武王姬发的弟弟，因采邑在周，爵为上公，故称周公。周公是西周初期杰出的政治家、军事家、思想家，相传他制礼作乐，创立典章制度，被尊为"元圣"和儒学先驱。周公历经文、武、成王三代，既是创建西周王朝的开国元勋，又是稳定西周王朝、成就"成康之治"的主要决策人。周公身体力行，勤勉从政，"一沐三捉发，一饭三吐哺"，教育侄子成王和儿子伯禽勤政爱民、谦恭自律、礼遇贤才。他一再告诫成王要修己敬德，防止骄奢淫逸。对成王的教育，既包括治国安邦才能的培养，也包括个人品德的塑造，终使成王成为一代明君。伯禽治理鲁国，也使其成为"礼仪之邦"。做人严谨，做事尽心，成为周公家风的主基调。

22

中国的第一部家训

周公的名字叫姬旦。因为天子分封给他家的领地在"周"这个地方，他官职的级别是"上公"，因此人称"周公"。

秦朝之前，中国最大的官不叫"皇帝"，而叫"天子"，意思是老天爷的儿子。周公没当过天子，可是他的名气比当过天子的人都要大。为什么？贡献大呗！他是建立周朝的功臣，随同父亲周文王、长兄周武王攻取天下，居功至伟；他制礼作乐，开启了中华礼乐文明的源头；他分封天下，加强了对偏远地区的控制，促进了社会经济的发展。

在约公元前11世纪，商王朝腐败无能，民不聊生。周文王姬昌顺应民意，率兵攻打商朝，几年之后，便占领了全国三分之二的地盘。此时，文王已是心力交瘁，结果死于战场。接着，文王长子武王姬发子承父业，继续攻商。这时，武王的弟弟周公姬旦成为他的左膀右臂。在文王死后的第二年，周公辅佐武王征伐商朝打到了孟津；第四年，就灭掉了商朝。

西周才建立两年，周武王就得了重病，弥留之际，他想让弟弟周公继任国王，当天子。周公推脱说："不可，不可。一定要让我的侄子姬诵当天子。"武王说："可是，他才13岁啊。"周公说："没关系，我辅佐他。"说完这事不久，武王去世。周公就安排武王的儿子姬诵登基做了天子，他就是周成王。可是成王年龄小，不能料理国家大事，只能做一个名义上的国君。这时候，周公就做了摄政王，帮助成王处理国家大事。

周公首先要把成王抚养成人。他无微不至地关怀年幼的成王。有一次，成王病得厉害，周公很焦急，无奈之下他就剪了自己的指甲沉到大河里，对河神祈祷说："今成王还不懂事，有什么错都是我的。如果要死，就让我死吧。"由于医治及时,成王的病很快就好了。此时的成王正是读书学习的年龄。周公的长子叫伯禽,年龄比成王稍大一点。为了让成王健康成长,周公就让伯禽陪同他一块儿学习。尽管成王这时候才是个孩子,可他毕竟是天子的身份,成王犯了错,周公不能打,不能骂,愣是急得团团转。后来,周公就生出了一个办法——"成王有过,则挞伯禽"。也就是说,成王犯了错,就打伯禽,杀鸡给猴看。这一招还真对成王起到了警示作用。

按照周公的功劳,本来已经把他分封到鲁国当国君,可他因为辅佐成王执政而不能到任,这时候,周公就委派他的儿子伯禽去鲁国就任。鲁国的国都就是现在的曲阜,离当时的京城较远。伯禽到鲁国赴任之前,周公郑重地写下了《戒伯禽书》,既是教育伯禽,更是教育成王,这堪称中国的第一部家训。大体意思是:

有德行的人不怠慢他的亲戚,不让大臣抱怨没被任用。老臣和故人没有严重过失,就不要抛弃他。不要对某一个人求全责备。

有德行的人即使力大如牛,也不会与牛比力量的大小;即使飞驰如马,也不会与马比速度的快慢;即使智慧如士,也不会与士竞争智力高下。

德行广大的人以谦恭的态度自处,便会得到荣耀。土地广阔富饶,用节俭的方式生活,便会永远平安;官高位尊而用卑微的方式自律,你便更显尊贵;人员多武力强而用畏怯的心理坚守,你就必然胜利;智力发达英明远见而大智若愚,你将获益良多;学识渊博而用肤浅自谦,你将见识更广。去鲁国上任吧!你不要因鲁国势强而对属下百官骄横放纵啊!

伯禽就要离开京城到鲁国上任了。临行之前,周公还是怕儿子到了那里做不好,就把对儿子的要求写了一篇铭文,刻在青铜人像背上,交代伯禽到鲁国以后经常将金人背对着自己,时时提醒自己。直到今天,这篇文章还在曲阜周公庙的《金人铭碑》上,开篇即说:

古代对于谈论人是非常谨慎的。禁忌啊,禁忌啊!不要多说话,话说多了可能就会影响事情的成败;不要多生是非,是非多了就会招来很多祸患。贪图安乐是一个禁忌啊,只要贪图安乐,就会带来很多懊悔……

23

不畏人言，公者千古

西周建立，周武王当了天子，他下边还有三个有权的人，号称"三公"。第一个是太傅周公；第二个是太师太公，人称姜子牙，他是周朝的军事领袖，周武王的岳父，太子诵的外公；第三个是太保召公，周文王的儿子，武王、周公同父异母的兄弟。

那个年代有个政治上的道德原则，就是可以灭掉人家的国家，但是不能杀掉人家的后人，因此，周武王灭掉商朝之后，就只杀掉了商纣王。西周建立后，周武王将商纣王的儿子武庚封在原来商朝的国都朝歌（今河南淇县）。为了防止武庚反叛，武王又在朝歌周围设邶、鄘、卫三国，让他的三个弟弟管叔、蔡叔、霍叔每人各领一国，以监视武庚，所以，这三个人就叫"三监"。

周公是灭商的功臣，在他拒绝了武王让他当天子的王命之后，周武王就封他到鲁国。可是，天有不测风云，人有旦夕祸福。周公这人还没走，武王突然得了大病，不久病亡。周公先是辅佐武王的儿子姬诵即位，当了天子，然后再与各位大臣商量，由谁来当摄政王，帮助成王治理朝政。

面对最高权力，周公有着清醒的头脑。这时候，朝中大臣各怀心思，都想角逐最高权力。周公心想，这个问题不是看面子的事，周朝刚刚建立，形势仍不稳定，国家仍在动荡，弄不好就会葬送父兄开创的事业，百姓们还会遭殃。凭着我的资历能力、品德修养、血缘关系，定能担此重任，应该当仁不让。因此，他自告奋勇，力排众议，当上了摄政王。

当时，反对周公摄政称王的王室重臣为数不少，不仅有管叔、蔡叔等兄弟，还有位高权重的开国重臣太公姜子牙、召公姬奭。周公对太公、召公说："我之所以义不容辞当这个摄政王，是恐怕有人反叛周朝，到那时候就没办法告慰我的先王。武王死得早，成王年龄小，要想成就周朝的事业，我必须这样做。"周公虽然做了解释，仍然不能彻底消除他们的疑虑，在这种情况下，他毅然担当起历史大任，称王摄政，为的是政权巩固，天下大治。

周公摄政下的国家政权依然飘摇不定。管叔、蔡叔、霍叔等人始终怀疑周公篡夺政权，时时都在蠢蠢欲动。不久，他们就勾结武庚，纠集徐（今江苏泗洪）、奄（今山东曲阜）、薄姑（今山东博兴东南）和熊、盈等东方夷族反叛朝廷。这时，周公劝说召公支持平叛，并且安排召公在朝辅佐成王，自己亲自率兵东征。他首先攻打朝歌，杀掉武庚、管叔，贬谪了蔡叔，流放了霍叔。接着，继续向北进攻，灭掉了奄、薄姑等50多个小诸侯国。然后，一直打到东南沿海，彻底消除了商朝残余势力反叛周朝的隐患，而后凯旋。

一晃儿7年过去了，这时候成王已经20岁了，周公准备把治国理政的大权交还给成王。辅佐成王摄政的7年，周公做出了艰苦卓绝的努力，个中的酸甜苦辣只有他自己知道。但是，这7年的执政也使他积累了人脉，施展了才华。这时，朝中许多大臣都力主周公直接称王。可是，周公对于权力有着清醒的认识。当初，他要出任摄政王时，很多人反对，他义无反顾，为了国家和百姓，什么样的流言蜚语他都能忍受。现在，成王已经到了能够治国理政的时候，又有人劝他称王，他心里更像明镜一般，为了国家和百姓就不能恋权，恋权就要出现国家的动荡。

周公是一个深知进退的人。这使我想起了周公在《金人铭》中的一句话："江海虽左，长于百川，以其卑也。"一个人，只有放低身段，才能创造有价值的人生。

24

周公吐哺，天下归心

"周公吐哺，天下归心"，这是三国时曹操对周公的赞美。

周公是哥哥的左膀右臂。西周建立两年之后，周武王就分封周公为鲁国国君，可还没去赴任，武王就得了大病。周公先是辅佐哥哥执政，哥哥死后又为成王摄政。周公实在没办法去鲁国，只好让儿子伯禽代替自己去鲁国就任。

伯禽临走之前，周公恐怕儿子辜负了重托，他以自己的经历教育儿子，对他左嘱咐右叮咛：我是文王的儿子，武王的弟弟，成王的叔父，又辅佐成王管理天下，我的地位算是很高了。但是，我仍然是战战兢兢，如履薄冰，恐怕不能尽心尽力把事做好。早朝前，有时候我正在洗头，有宾客来访，我马上挽起头发就接待客人。这个客人刚走，我又去洗头，又来了客人，我还是马上挽起头发接待客人。就这样，经常洗一次头接待好几次客人。有时候，吃着饭来了客人，我接着把饭吐出来，就接待客人，也是一连好几次。我这样做的目的，就是怕冷落了客人，失去天下的贤人。希望你到了鲁国以后，不要因为自己身居高位而骄傲自满、目中无人。

由于周公礼贤下士，天下德行好、有本事、有能力的人，大多数都被朝廷聚拢过来，包括前朝的旧臣。微子启是商纣王的大哥，在商朝为官时，他与比干、箕子一起被誉为"三仁"。"三仁"就是三位德行好的官员。西周建立后，在周公的感召下，微子启倾心于周公，归顺了周朝。周公平叛后，就把他分封到宋国当了第一任国君。微子启去世后，继任的全部都是殷商王室子姓家族的后人。这就是"周公吐哺，天下归心"的历史见证。

第六章
杨震家风：骨子里就要清白

杨震，出生年月不详，卒于124年，字伯起，东汉弘农华阴郡（今陕西华阴东南）人，幼通经史，博览群书；中年从教，弟子三千，多成栋梁，人称"关西孔子"；50岁入仕，官至太尉。杨震一生刚正不阿，勤勉清廉，以"四知拒金"的故事美名远扬。他以博学、清廉教育子孙后代，形成"清白"家风。其子孙个个博学而清廉，五个儿子皆以"清白吏"誉满天下。其三子杨秉尤以"不饮酒，不贪财，不近色"自律，世人赞其"淳白"。据《后汉书·杨震列传》记载，杨氏自震至彪，四世太尉，德业相继，代代"能守家风"。

25

拒收重金，人称"杨四知"

秦岭之上，天宇苍茫。潼关乡里，清气氤氲。这里是东汉名臣杨震的故乡，这里散发着清白如许的气息，这里流淌着刚正不阿的血脉。

杨震自幼勤奋好学，博览群书，声名大噪。在他的人生经历中，孔子成为他心中的偶像，他20岁起自费兴办私学从事教育，一办就是30年，招揽天下弟子三千余人，大多数学生成为国家的栋梁之材。人们曾称他为"关西夫子""关西孔子"。

孔子51岁入仕，杨震也是50岁才开始当官。在知天命之年，他被大将军邓骘招募，而后被推荐为茂才，也就是秀才。东汉时，为避讳皇上刘秀之名，把"秀才"改为"茂才"。举茂才之后，他先后担任了荆州刺史、东莱太守，汉安帝延光二年（123年）担任了掌握国家军权的太尉。

杨震在官宦生涯中始终为官清廉，不谋私利，清白正直，同时才能超群。他连续经历了4次提拔，在担任荆州刺史时又调任东莱去当太守，就在赴东莱上任的途中发生了一件有趣的事。

当时从荆州到东莱，中间要路过昌邑（今山东巨野南）县。昌邑县的县令叫王密，他算得上杨震的故交。那是在任荆州刺史时，杨震发现了这个人才，随即将他举为茂才，王密才得以提拔。说起来，杨震就是他的伯乐与恩人。滴水之恩当涌泉相报，这王密哪能忘了杨震的恩情？杨震到了昌邑，正值白天，王密当即赴寓所拜见。

但是，仅仅是拜见，王密觉得还没尽情。到了晚上，他准备了10斤黄金。10斤黄金啊，那可是价值连城的礼物啊！夜深人静，月亮偷偷爬上了树梢，人不知鬼不觉，王密一个人独自去了杨震下榻的寓所。

轻轻叩开房门，王密进了房间。二人落座之后，王密拘谨地解释道："老上司的恩情我日夜不忘，我给您备了一点礼品，因为白天确实不方便，趁夜晚才送过来。"杨震一听，就变了脸色，严肃地批评道："我们是老朋友，关系还比较密切，你这样做确实让我不解。看起来，我对你的为人很了解，只可惜你对我的为人是真的不了解啊！这是为什么呢？"

这时候的王密，依然还没领会透杨震的心意，他可能觉得杨震是怕外人知道了不敢接受礼品，接着解释说："现在是深夜，确实没人知道。"

杨震板起脸来，更加严肃地说："天知、神知、我知、你知，怎能说无人知道呢？"杨震历来主张"慎始、慎终、慎独、慎微"，人的一生自始至终都要谨慎地做人、做事，越是一个人独处越要谨慎，越是点滴的小事越要谨慎。换句话说，就是有人知道不能做坏事，没人知道也不能做坏事。

洁身自好，清白如玉，一生不懈坚守，这是一种何等的人生境界啊！因此，世人称杨震"杨四知"，李白有诗曰：

关西杨伯起，汉日旧称贤。

四代三公族，清风播人天。

26

直言劝谏，遭罪而死

杨震一生一身正气，两袖清风，富贵不淫、贫贱不移、威武不屈的民族气节在他身上表现得淋漓尽致。

汉安帝永宁二年（120年），继刘恺之后，杨震担任了司徒。司徒作为最高行政长官，对官僚进行清理整顿，反对贪污腐败，杜绝铺张浪费，就是他的本职。

安帝建光元年（121年），安帝的母亲邓太后去世，阎皇后开始受宠。皇帝的内宠开始掌权，皇后的兄弟鸡犬升天。就连汉安帝的奶妈王圣，也仗着安帝的恩典而肆无忌惮。王圣的女儿伯荣，随便出入宫廷，偷鸡摸狗，干着见不得人的勾当。她与已故的朝阳侯刘护的堂兄刘瓌通奸，刘瓌后来娶她为妻，竟然获得了继承刘护朝阳侯爵位的资格，官职升到了可以亲近皇帝的随从侍中。

这杨震的眼里哪能揉得进沙子？他奋笔疾书，上疏进谏，劝诫安帝。他搬出高祖刘邦的规制陈述利弊。按照正常制度，不是功臣不能封爵。父亲逝世应由儿子袭爵，兄长逝世应由其弟继承。现在，朝阳侯刘护虽死，但是他的弟弟刘威仍在人世。因此封刘瓌继承爵位不合理，因为他既没功又无德，只是因为娶了皇上奶妈的女儿。

可笑的是，奏疏呈上后，皇上不仅不依法惩处当事者，还将这份奏疏交给奶妈王圣观看，因此激起了王圣等人对杨震的愤怒。

安帝延光二年（123年），杨震接任刘恺当了太尉。皇上的舅父耿宝向杨震推荐宦官中常侍李闰的哥哥做官，杨震拒绝。耿宝前去拜访杨震，说："中常侍李公公深受皇帝的倚重，有意请您征召他的哥哥做官，我只不过是传达皇上的旨意罢了。"杨震回答说："如果皇上有意让太尉、司徒、司空征召官员，应该由宫廷秘书、尚书直接通知。"杨震还是拒绝了，惹得耿宝恼羞成怒，愤然离去。阎皇后的哥哥金吾阎显也向杨震推荐亲友做官，同样被杨震回绝了。可是，山不转水转，这边不接受，司空刘授那边很快提拔了李闰的哥哥和阎显的亲友。这样，他们就对杨震怀恨在心。

汉安帝昏庸无比，政治日益腐败，东汉政权江河日下。杨震多次上书，皇上一直置之不理。这更加助长了奸臣樊丰、谢恽的肆无忌惮。起初，由于杨震是有名的大学者，权奸们还不敢立刻陷害他。但是，他们在等候时机，准备报复。

机会终于来了。这年，河间的赵腾到朝廷上书，指责朝廷过失。安帝借题发挥，大发雷霆，将赵腾逮捕入狱，而后钦定欺君之罪，这是要杀头的。杨震得知，火速上书："臣下听说，上古时代，尧为敢于进谏的人在朝廷上设立谏鼓，舜为敢于进谏的人在朝廷上设立指责自己过失的谤木，以便于他们进谏。商、周的贤明君主听闻民间抱怨，甚至骂人的言辞，还自我反省，检讨过去，培养恩德。只有开放言论，才能耳聪目明。今赵腾虽言辞激烈，却并无恶意。请饶赵腾一命。"安帝置之不理，最终还是把赵腾推上了断头台。

安帝延光三年（124年）春，安帝去泰山祭祀。樊丰伪造皇帝诏书，大兴土木。杨震查实后写好奏章准备皇上归来呈上，樊丰知道后非常害怕。皇上回宫后，他们恶人先告状，诬陷杨震说："自从赵腾死后，杨震一直心怀积怨；他是邓骘举茂才才做官的，邓骘一家被处死后，杨震对皇上一直有愤恨之心。"安帝不分青红皂白，下诏让杨震告老还乡，遣回弘农郡。

杨震举家离开京城洛阳，走到城西的夕阳亭，面对着眼前的凄凉，他感慨地对家人和学生说："死是读书人正常的遭遇。我蒙皇上看重，位居高官，痛恨奸臣狡猾却不能将其铲除，痛恨近幸淫妇邪恶却不能加以禁止，我还有什么脸面再见太阳、月亮！我死之后，用下等杂木做棺材，被单只要能盖住尸体即可，不要运回祖宗坟墓，不要祭祀。"说完之后，服下毒酒，自杀身亡。

杨震走了。他留下的是清白和刚正。

27

家风育人，满门清廉

杨震服毒而亡一年以后，安帝去世，顺帝继位。樊丰、周广等人被处以死刑。杨震的门生虞放、陈翼前往宫门喊冤，顺帝认真听取了他们的陈述，对杨震的冤情予以认可，感念他对国家的忠心，对其遭遇的不公深感内疚，下诏用三公的待遇和礼仪，把杨震葬在华阴潼亭，任命杨震的两个儿子为郎官，赠钱一百万。

杨震临死前，告诫后人绝不厚葬。有人劝说他，是否能为子孙后代考虑，置办点产业。杨震坚决不肯，断然拒绝，并且不无感慨地说道："使后世称为清白吏子孙，以此遗之，不宜厚乎？"被后代人称为清白的官吏的子孙，这难道不好吗？我把清白留给他们，这不也是非常厚重的遗产吗？

做"清白吏"，已然成为杨震后世子孙们的家风传承。杨震家族从杨震开始四代人连续担任"三公"，个个都为官清廉。"三公"是中国古代权力仅次于皇帝的三个官职的合称。秦朝时，丞相、太尉、御史大夫合称为三公。西汉末至东汉初，大司马、大司徒、大司空合称为三公。杨震家族四代三公，可谓地位显赫，但代代都能守住"清白吏"的名声，确实难能可贵。

杨震有 5 个儿子，个个清白正直，誉满天下。他的三儿子杨秉，当官时有个"三不惑"，不饮酒、不贪财、不近色，也就是不被酒、财、色所诱惑，因此闻名天下。当时的人们称赞他"淳白"。杨秉的儿子杨赐，官至司徒、司空、太尉，他清正廉洁，刚正不阿，无私无畏。《后汉书》中就有他不畏权势，仗义执言，弹劾贪官的记载。

杨赐的儿子杨彪，做了朝廷的太尉。179 年，又改任京兆尹。在这个任上，他碰到了一个案子。宦官王甫媚颜屈膝，当上了黄门令，是管理宦官的中级官员。混上了这个官以后,他欺下瞒上,作恶多端,民愤极大。但由于这个官是皇上身边的近臣,因此没人敢惹。案子告到杨彪这里,经过审理,杨彪毅然把他处死。

杨震的长门曾孙,也就是他大儿子的孙子,叫杨奇。杨奇少有大志,可他并不以自己家族满门为官为资本,而是从小刻苦好学,远离豪强富家子弟,与英才俊杰结为好友。汉灵帝时,他官至侍中。他的清白一如祖上,他的耿直有过之而无不及,在皇上面前不献媚,不讨好,敢于向皇上直言进谏。汉灵帝评价他说:"杨奇啊,你的头是硬的,你的脖子是直的,你从来不低头不曲项,真正是杨震的子孙啊!"

海纳百川有容乃大,壁立千仞无欲则刚。清白的人,才能自然地挺起伟岸的脊梁!

第七章
裴氏家风：厚德能传家，宽让能宁人

位于山西省闻喜县礼元镇的裴柏村，汉朝永建初年（约126年），裴氏先祖裴晔就迁居于此，而后家族繁盛，人才辈出，先后出过宰相59人，大将军59人，正史立传及载列者600余人，裴柏村也被誉为"宰相村"。裴氏家族声名显赫，历久不衰，除特定的社会、历史因素外，主要与裴家严格的祖训家规息息相关。裴氏家规由《河东裴氏家训》《河东裴氏家戒》两部分组成。《家训》是正面引导，劝人从善；《家戒》是负面清单，警诫后人。一正一反，泾渭分明，而又相辅相成。裴氏家族厚德传家、宽让宁人的家风，对于维护宗族内部秩序，保持宗族繁衍发展，发挥了重要作用。

28 庶出的裴秀逆袭成才

九曲黄河激流澎湃跌落壶口，穿越晋陕大峡谷折返向东流，把钟灵毓秀的晋南大地环绕其中。运城市闻喜县的裴柏村就坐落在这里，它以"中华宰相村"的美誉蜚声中外。

裴氏家族人才辈出，可圈可点，下面先说说庶出的裴秀是怎么逆袭成才的。

裴秀的祖父叫裴茂，父亲是裴潜，爷儿两个在东汉和曹魏时期都官至尚书令。当初，裴潜娶了一位姓宣的妻子，人们称她宣氏。宣氏这人品行不好，还脾气暴躁，十分霸道，不招人喜欢。作为正室夫人，宣氏没生出一男半女。那时候时兴纳妾，别说是有本事有地位的当官的，就是一般老百姓，再娶个媳妇，也很平常。可这宣氏是个十足的醋坛子，就是不许裴潜纳妾。可是，她自己死活就是生不出来，你总不能让裴家断了香火吧？宣氏想来想去，就从干粗活的丫鬟中选了一名最丑最笨的女孩儿当了裴潜的小妾。

你宣氏瞧不上人家这个灰姑娘，可人家就是争气，一年之后，这小丫鬟生了一个白白胖胖的大头儿子，裴潜给他取名裴秀。在古代，正室生的孩子叫嫡出，偏室生的孩子叫庶出。

自从裴秀出生以后，宣氏更加嫉妒裴秀娘儿两个。裴潜常年在外做官，很少顾家。宣氏在家里操持家政，是家里的大总管。她处处刁难裴秀母子。裴秀的母亲已经被纳为妾，按说就成了裴家的家庭成员，可宣氏却不让她改变丫鬟的身份，并且让她干最脏、最累、最苦的活儿。裴潜本来也不宠爱裴秀的母亲，再加常年在外，也不知道他母子俩的苦处。

裴秀聪明伶俐，天赋奇高，从小就把母亲的屈辱和自己的苦楚记在心里。

他愈挫愈奋，加倍用功学习，8岁的时候就出口成章，能够写出好文章。他叔叔裴徽是个名士，家里经常高朋满座。有一次，裴徽当着客人提起这个聪明的小侄子，客人们就留了心，从裴徽家里出来，便去找裴秀。裴秀小小年纪，却知书达礼，见了客人也不腼腆，总是有问必答，而且妙语连珠，逗得客人们开怀大笑。有时，他还拿出自己写的文章请客人们评论。对不同意见，他还有理有据地辩论几句，引得客人们兴致盎然，一时间，人们称赞裴秀是"后进领袖"。

裴潜50岁生日时，家里宾朋满座，来的都是裴潜的同僚和当时的名士。裴潜和宣氏坐在正席，席上没有裴秀的座，而他的母亲则同丫鬟们一起送菜上酒。

裴潜和宣氏都是沉默寡言的人，不善应酬，因此宴会开始后气氛一直活跃不起来，席间死气沉沉，客人们也闷闷不乐。最后，宣氏觉得这样下去太没面子，为了能让气氛活跃一下，不情愿地叫裴秀出来逗逗乐。

10岁的裴秀一出现，客人们立马有了情绪，大家交头接耳，兴高采烈。裴秀礼貌热情，应对得体，一下子打开了客人们的话匣子，客人们与裴秀频繁地互动起来。裴秀的父亲裴潜大吃一惊，他万万没想到儿子这么有灵性，感到由衷的高兴。

正在这时，裴秀的母亲端着菜盘来到桌前上菜。裴秀立即走上前去，亲热地挽住自己母亲的臂腕，落落大方地向客人们介绍说："尊贵的客人们，给大家介绍一下，这就是我的生母。"客人们全都瞪大了眼睛，看着裴潜，看着宣氏，也打量着这个不可忽视的小裴秀。所有人都向裴秀母亲送上尊敬的目光，纷纷站起来走向前去，向她问候，向她施礼。裴秀的母亲流着热泪，激动地说："诸君这么尊敬我，全是因为这孩子啊！"

这时，坐在正席上的宣氏，她的趾高气扬早已消失得无影无踪，显得很不自在。裴潜低声责备她说："这个时候，为什么还让她干这样的粗活儿？"

这次父亲的生日宴会给宣氏很好地上了一课。从那以后，宣氏立即打扫出两间上房，请裴秀母子搬进去住。从此，对她母子俩的态度也好多了。

裴秀成年后不负众望，官至司空，不仅成为卓越的政治家，还是"中国制图学之父"。他总结我国古代地图绘制的经验，创造性地制定出"制图六体"原则，即：分率（比例尺）、准望（方位）、道里（距离）、高下（地势起伏）、方邪（倾斜角度）、迂直（河流、道路的曲直），为编制地图奠定了科学基础，为地图学的发展做出划时代贡献。公元90年前后，希腊有个著名数学家、天文学家、地理学家叫克洛蒂斯·托勒密，后代人就称赞裴秀是"东方的托勒密"。

29

家风让裴氏家族成为人才宝库

自汉魏开始,历经南北朝,再到隋唐、五代,在中华大地数百年的历史进程中,裴氏家族在政治、经济、军事、外交等方面,均做出了突出贡献,仅隋唐两代活跃于政治舞台上的名臣就不下数十人。裴氏家族千余年来,将相接武,代有贤人,确实是中外历史上的一大奇观。

毛主席曾对这个很有名气的政治家族深深地慨叹:裴氏家族千年荣显,是历史上最有名的家族。胡耀邦同志也说:"研究中国的人才学,不能不研究裴氏家族。"

这个家族最特别之处,就是盛产宰相。汉唐以来,这个家族共出了59位宰相,59位大将军,21位驸马,数百位省部院大臣,正史立传和有记载的达600多人。这个家族先后培养出七品以上的官员多达3000余人,名垂后世者不下千余人。在唐朝的289年当中,平均每隔17年就从这里走出一位宰相,古今罕见!裴氏家族人物之盛、德业文章之隆,在中外历史上堪称一绝。人才多样密集,智慧强劲延续,简直到了不可思议的地步。

以下这些人每一个都可以记入中国的史册。

裴潜。《三国志》记载,他曾做过曹操的军事参谋,才智卓越。曹魏立国后,官至尚书令,封清阳亭侯,是裴氏家族的第一个宰相。

裴寂。他是唐朝开国的元勋。隋末群雄并起,天下大乱,他高瞻远瞩,帮助李渊在晋阳起兵,建立了李唐王朝。后来,又劝李渊称帝,对唐王朝功不可没。

裴秀、裴楷。裴潜的儿子裴秀、侄子裴楷,并列晋朝公侯,同为宰相。

裴颜、裴宪。裴秀之子裴颜、裴楷之子裴宪，先后官至晋室侍中，均为宰相。

裴度。他的名字世代传颂，名垂青史，与名相魏征相媲美，堪称一代贤相。他有非常高超的领导艺术，《玉泉子》曾记载了他丢官印的一个故事。一次，他的部下突然告诉他官印丢了，他却不着急，照样摆开宴席喝酒。等到半夜，酒过三巡，手下报告官印还在。他若无其事，继续饮酒。这时，他告诉大家："这定是有人拿去偷盖大印了。你不着急，他还可能给你送回来，你若着急发怒，把他逼急了，说不定他会扔掉，那就找不到了。"听了此话，大家都佩服他的气量和智慧。

裴氏家族的名人不仅仅是活跃在政坛，在史学界，还有著名的"史学三裴"；在硝烟弥漫的战场，也有文韬武略英勇善战的骁将裴行俭，等等。

裴氏家族为何能够人才辈出？这与裴家崇文重教的家风和严明的家训密不可分。直到现在，裴柏村还有一个挂旗的习俗。谁家生了孩子，大门上都要挂上写着诸如"自强不息""耕读传家""崇文尚武"等词语的门匾。

裴氏家族的家规家训是裴氏家族最闪亮的文化符号，它的12条《裴氏家训》和10条《裴氏家戒》，核心就是"重教守训，崇文尚武，德业并举，廉洁自律"，要求家族子弟崇德尚德，以孝友立身，以勤俭持家，以忠义为本，以才学自立，以仁爱待人，做到廉洁奉公、忠心效国。其中，《家训》进行正面引导，是道德上线；《家戒》列出负面清单，是纪律底线。《家训》和《家戒》如家风之车的两轮，共同发挥着训诫和教化作用。

曾经辉煌两千余年的裴氏家族，虽如东逝之水已成烟云，但裴氏家族创造的独特"裴氏文化人才奇观"却为中国留下了宝贵的历史文化遗产。

第八章
诸葛亮家风：不重名利把人做好，平心静气把事做好

诸葛亮，复姓诸葛，名亮，字孔明，号卧龙，徐州琅邪阳都（今山东沂南南）人，三国时期蜀汉丞相，杰出的政治家、军事家、散文家。诸葛亮一生"鞠躬尽瘁，死而后已"，是中国传统文化中忠臣与智者的代表和标志。诸葛亮伟大的人格力量和崇高的精神品质，不仅一直影响着他的后人，而且一直影响着我们国人的人格塑造。他流传后世的《诫子书》，以"淡泊明志，宁静致远"的家风内涵，教育和激励着一代又一代后世子孙。

30 求学心切撒小米

你见过"孔明灯",放过"孔明灯"吗?要知道,传说这个孔明灯就是当年诸葛亮创造出来,并以自己的名号命名的。诸葛亮是一个家喻户晓的人物,他是中华民族智慧和韬略的化身,他是"鞠躬尽瘁,死而后已"的代表。

诸葛亮于汉灵帝光和四年(181年)出生在琅邪郡阳都县(今山东沂南南)的一个官吏之家。诸葛氏是琅邪的望族,先祖诸葛丰曾在西汉元帝时做过司隶校尉,诸葛亮的父亲诸葛珪在东汉末年做过泰山郡丞。

诸葛亮命运多舛,年幼时就父母双亡,3岁母亲章氏病逝,8岁父亲诸葛珪去世。这时,哥哥诸葛瑾接近成年,他和弟弟诸葛均年龄尚小。东汉末年是一个动荡的年代,百姓日不聊生。诸葛亮和他的弟弟由于年龄太小,没有生活能力,就随时任豫章太守的叔父诸葛玄来到豫章,后又随叔父流落到荆州。

虽说诸葛亮不是叔父亲生,但叔父依然为他提供了最好的学习条件,选择了最好的私塾先生。逆境中的诸葛亮异常珍惜这来之不易的学习机会,学习起来如饥似渴,废寝忘食,三更灯火,发奋努力。

那时候,诸葛亮曾跟着隐居在襄阳城南的水镜先生学习兵法。当时没有钟表,为了掌握时间,水镜先生就养了一只大公鸡,公鸡一到晌午就啼叫起来,水镜先生就知道下课的时间到了。

水镜先生文化底蕴深厚,讲起课来出神入化,声情并茂。听着老师的课,就如同与老师肩并肩、手拉手行进在山间的小道上,一边攀谈,一边登山,那种惬意是外人根本无法体味的。听着听着,诸葛亮就入了迷。可就在这兴头上,公鸡叫了。老师一声"下课",把诸葛亮的兴致就给硬生生憋了回去。

诸葛亮冥思苦想，如何才能对付这只大公鸡？他果然想出了一个办法：在裤子上缝了一个口袋，每天上学的时候就抓几把小米放在口袋里。快到晌午头的时候，还不等公鸡叫出声来，他就悄悄地朝窗外撒一把小米。公鸡见有黄灿灿的小米，顾不上啼叫，就啄食起来。刚刚啄完，诸葛亮又撒一把，直到把口袋里的小米完全撒完。

公鸡吃完了小米，优哉游哉，竟然忘了打鸣。等它反过神来再大声啼叫时，水镜先生已经多讲了个把时辰的课了。这可把师娘给饿坏了。时间一长，师娘就不解地抱怨老师："怎么回事？每天都过了大半晌才下课，也不知道饿！"

"你没听见公鸡才叫吗？"水镜先生说。

师娘是个聪明人，知道其中必有奥妙。这一天快到晌午的时候，她悄悄地来到院子里，只见那只花脖子公鸡刚要伸长脖子打鸣，就有人从书房窗口撒出一把小米，那公鸡就吃了起来。她蹑手蹑脚走上前去，把事情看了个究竟，就悄悄回家了。

一会儿，水镜先生下课回来，师娘笑着说："你这个当先生的，竟然还不如一个小诸葛。"而后，她把刚才看到的情况，一五一十地告诉了水镜先生。

水镜先生听后一愣，哈哈大笑起来，心想，诸葛亮为了求学搭上小米，真是聪明过人，将来必定是盖世奇才。

诸葛亮在水镜先生那里度过了他一生中最美好的时光。他既聪明伶俐，又刻苦勤奋，着实让师傅、师母宠爱。

31

不是亲生更要严格教育

诸葛亮在隆中一边开荒种地,一边勤奋读书,已经成为小有名气的谦谦君子。可一晃儿他已20多岁了,依然没有婚配。

离隆中十里许的黄家湾有个员外叫黄承彦。黄员外有个女儿,也已到了婚配年龄,却仍待字闺中。黄员外给他女儿起个小名"黄阿丑",大号黄月英。可能就因为这名字,十里八乡都知道她长得丑,所以一时半晌嫁不出去。黄员外早已听到了诸葛亮的名声,十分欣赏他的才华,就想把女儿许配于他。他找来好友崔州平前去提亲。可诸葛亮也已听说这女方长得丑,因此支支吾吾没有答应。

一天,诸葛亮的好友崔州平、徐元直、石广元邀他一起拜访黄承彦。走到大门口,一敲,门自动开了,人进去后门又自动关了。第二道门、第三道门也是这样,诸葛亮感到很惊奇。

进入正房,只见黄员外拱手相迎。客人落座,主宾交谈甚欢。诸葛亮惊奇地说:"来到大人府上,实让我刮目相看。后生斗胆相问,这门上机关当是您老设计?"

"不不不,那是我那好事的丑陋女儿所为。"黄员外拱手作揖道,"见笑,见笑!"

诸葛亮一听,马上感到内疚,这俨然是个才女啊!

后来,他们就顺利成了亲。结婚那天,直到深夜,诸葛亮才磨磨蹭蹭进了洞房。心想,丑就丑吧,反正生米已成熟饭。他硬着头皮揭开红盖头,一看就傻了眼,这哪里是什么丑女,分明是个天仙般的漂亮女人。

诸葛亮喜出望外,问妻子:"你父亲为什么宣扬你是丑女?"

妻子道："父亲一怕我不好养活，才起了个丑名；二怕地痞流氓抢婚；三是想考验一下未来女婿是否以貌取人。"

妻子真可算得上民间科学家，诸葛亮后来制作的战场上的运输工具木牛流马，据说就是跟妻子学的。

诸葛亮娶了才貌双全的黄月英，自然把她视若珍宝，更希望她早早生儿育女，以享天伦之乐。一年两年过去，这黄月英竟悄无声息；三年四年过去，还是没有生育的迹象。这可急坏了诸葛亮。无奈之下，他给在东吴的哥哥诸葛瑾修书一封，想过继哥哥的一个儿子作嗣子。这时的诸葛瑾已有三个儿子，老大诸葛恪，老二诸葛乔，老三诸葛融。哥哥一看弟弟求子心切，欣然答应把次子诸葛乔过继给诸葛亮。说来也巧，这诸葛乔的到来给诸葛亮带来了好运气，46岁上，夫人给他生下儿子，取名诸葛瞻，后又接二连三生下小儿子诸葛怀、宝贝女儿诸葛果。

诸葛乔的到来，让往日宁静的小院平添了生气。可对这个年仅四五岁的顽童如何施加教育，成为诸葛亮夫妇的一大心病。后来，他们反复琢磨，逐步达成了共识。

刚刚来到的小诸葛乔，就像一匹脱缰的野马，野性十足，顽皮耍泼。诸葛亮夫妇双管齐下，母亲以慈爱温暖，父亲以威严吓阻，终于给诸葛乔勒住了性子。

剔除庸俗风，注入文人气。一开始，小诸葛乔与孩子们玩儿，他不入群，抢拿同伴的小玩具，欺负弱小的小伙伴，有时还把人家打哭。对此，母亲就加强陪伴，在全程的陪伴中，一点一滴地进行指导、矫正，一步一步地用文人气代替庸俗风。

培养孩子的好习惯，稳得下，坐得住。在纠正了孩子的小毛病后，就让孩子稳下来，久而久之，就养成了他平心静气的好习惯。这时候，诸葛亮夫妇的启蒙教育开始了。小诸葛乔如鱼得水，开始在传统文化的海洋里徜徉。

成人后也要跟踪教育。诸葛乔长大后，诸葛亮身为丞相，却没让他安享荣华富贵，而是把他安排到汉中北伐前线。他跋涉于崇山峻岭中，押解军需物资。为这事，诸葛亮还专门给哥哥诸葛瑾写了一封信，信中说："诸葛乔本可以回成都去，但现在许多将领的子弟都在押运军需物资，应该让他和大家同甘共苦，所以我命令他带领五六百名兵卒和众位将领的子弟一道在山谷中押送物资。"

诸葛乔终于成为一位优秀人才，官至翊武将军，他的品德修养、学业功德均超过了在东吴长大的哥哥和弟弟。这与诸葛亮夫妇的言传身教、严加管束是分不开的。

32

教给孩子如何做人

说到如何做人，诸葛亮可以说是中国历史上少有的楷模。

东晋年间，桓温西征到了蜀地，大功告成以后，桓温在成都见到了曾经跟着诸葛亮当过小官的百岁老人。他问老人："如今谁能与诸葛丞相比肩？"老人说："诸葛在时，亦不觉异。自公没后，不见其比。"意思是，诸葛丞相活着的时候，感觉挺正常，但从他去世之后，就再也没见过能和他比肩的人了。

诸葛亮不仅做事堪称典范，在做人方面更可算得上楷模。他的清廉和节俭令人难以置信，平时连一身多余的衣服都没有。他在死前写给后主刘禅的信中强调，不允许自己死后丢弃节俭之道，要继续保持"别无余财"的状态。在教育子女方面，他也为国人做出了表率。

诸葛亮鞠躬尽瘁，6次北伐，积劳成疾，最终病逝于五丈原。临终之前，他给8岁的儿子诸葛瞻写了一封家书，对儿子及后世子孙殷殷教诲，这就是中国历史上的著名家训《诫子书》：

夫君子之行，静以修身，俭以养德，非淡泊无以明志，非宁静无以致远。夫学须静也，才须学也，非学无以广才，非志无以成学。淫慢则不能励精，险躁则不能治性。年与时驰，意与日去，遂成枯落，多不接世，悲守穷庐，将复何及！

诸葛亮告诫后人，君子的行为方式，是靠内心平静修养身心，靠平日节俭涵养品德。做不到清心寡欲就不能明确自己的志向，做不到心情安静就不能实现远大理想。学习需要心静，成才必须学习，不学习就没办法增长才干，没有志向就无法精研学问。消极懒惰就不能勉励自己振作精神，心浮气躁就

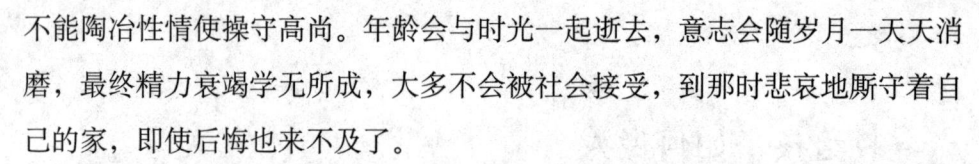

不能陶冶性情使操守高尚。年龄会与时光一起逝去，意志会随岁月一天天消磨，最终精力衰竭学无所成，大多不会被社会接受，到那时悲哀地厮守着自己的家，即使后悔也来不及了。

诸葛亮的《诫子书》从注重修养、端正品质、树立志向、刻苦成才四个方面提出了严格要求，使诸葛后人代代受益。诸葛瞻34岁时被后主刘禅任命为卫将军录尚书事，执掌朝政大权，后战死沙场。孙子诸葛尚博览群书，武艺精通，也为国捐躯。

700多年前的宋末元初，诸葛亮二十七代孙诸葛大狮带领家族迁居浙江兰溪，到了明代中叶就成了名门望族，所在地形成了"诸葛村"。自明清以来，诸葛村出进士7人、举人12人、贡生43人，在《光绪兰溪县志》列传的39人，受到各类嘉奖的200多人。他们均继承了先祖诸葛亮的遗风，公而明察，廉而生威，勤于职守，严于自律，安于清贫，正气浩然，赢得世人景仰。

第九章
王羲之家风：做人厚道，更要忍让

王羲之生于303年，卒于361年（一说321—379年），字逸少，原籍琅邪（今山东临沂），后迁居会稽山阴（今浙江绍兴），晚年隐居剡县金庭（今属浙江嵊州）。东晋时期著名书法家，有"书圣"之称，代表作《兰亭集序》被誉为"天下第一行书"。在王羲之的身上，既彰显着超脱、豪放的魏晋风骨，又流淌着儒家的精神因子。他的言行操守和治家理念凝结为"厚道""忍让"，世代传承。

33 王羲之辞官

"永和九年，岁在癸丑，暮春之初，会于会稽山阴之兰亭，修禊事也。群贤毕至，少长咸集……"这就是"书圣"王羲之所作的《兰亭集序》。

王羲之是东晋著名书法家。他一改汉魏质朴书风，开创了妍美流畅的新书体——行草，尤其代表代《兰亭集序》，对后世影响至深。

王羲之生于著名望族琅邪王氏，有着深厚的家学渊源。他继承了王氏先祖"信、德、孝、悌、让"的遗风，身上既有超逸脱俗、率性自然的魏晋风骨，又有仁者爱人、济世救民的儒学精神因子。

人常说，人各有志。王羲之作为一介书生、文人雅士，其实对当官并没多大兴趣。但是，一个人的人生，也并不可能完全按照自己设定的路标一路直行。王羲之曾说："吾素自无廊庙志。"也就是说，自己从来就不想当官。可命运还就给他开了个不大不小的玩笑。还在年少时，他的才学就得到了吏部尚书周颛、大将军王敦的赏识，因而引荐他走上了当官的路途。23岁时，他还是个小小的秘书郎，被征西将军庾亮提拔为参军，不久又升任长吏。他的才华逐步显现出来，因而扬州刺史殷浩多次向朝廷举荐他。朝廷多次征召他去当侍中、吏部尚书，却都被他谢绝了。

王羲之做事执着，宁折不弯，从不圆滑，这也为他的仕途蒙上了阴影。他的同僚王述当时任会稽内史，也就是会稽的最高行政长官。这时，王述母亲去世，因此就卸任回家料理丧事。古代人父母去世都要守丧三年，这时候王羲之就接替王述当了会稽内史。按照人之常情，这后任的官员应该去前任的家里进行吊唁，表示慰问。可人家王述在家里等了又等，就是不见王羲之的踪影，你说人家心里没点儿想法那才怪呢。

就说这王羲之也确实有些倒霉，刚刚当上会稽内史这么个小官，老天爷就跟他杠上了。353 年，这里发生了百年不遇的大旱灾，接着就是蝗虫铺天盖地而来，没旱死的庄稼也被蝗虫吃了个精光。这还不算，瘟疫接踵而来，百姓们大都患上了传染病。王羲之忠于职守，体恤百姓，他接连向当时的会稽王司马昱上奏，建议免去当年的税赋，打开粮仓救济百姓。然而，司马昱不仅不听，反而出兵北伐，并以北伐为理由追缴税赋。官府都把老百姓逼到了死的份上，我为何还要与他们同流合污、苟延残喘？于是，王羲之愤然脱下官服，辞官回乡！

34 / 做人要厚道，更要忍让

古人云，万般皆下品，唯有读书高。还说，书中自有黄金屋，书中自有颜如玉。就这观念，今天肯定有人不同意，可它却证实了一点：读书对于一个人至关重要。这不，人家王羲之就因为读书读得好，就娶了个好媳妇，历史上说他是"东床快婿"。

东晋司马睿当皇上时，王导是丞相，郗鉴当太尉。王导当着大官，家里还教着二十多个学子。郗鉴有个宝贝女儿，已经到了女大当嫁的年龄，就想到王导那里选个女婿。

郗鉴就派管家去了。一听太尉选女婿，学子们都刻意梳洗打扮了一番。可管家挑来挑去，发现少了一人。大家到了东跨院的书房里一看，王羲之正袒腹露体躺在床上专心致志地读书。管家回去把这怪事给太尉一说，郗鉴立马来了精神，一拍大腿："就是他了！"王羲之果真成了他的"东床快婿"。

不是一家人，不进一家门。郗鉴的女儿叫郗濬，才貌双全，被称为"女中笔仙"，书法卓然独秀。王羲之与妻子一生育有7个儿子1个女儿，他们始终把对子女的教育放在心上。

一天早上，儿子王玄之、王凝之、王涣之、王肃之、王徽之、王操之、王献之和女儿悉数坐在专门设置的小课堂里，只等父母前来启蒙训诫。这时，王羲之提着一块小匾牌走来，匾牌上的毛笔字的墨迹还未干，上边工工整整地写着：

夫言行可覆，信之至也；推美引过，德之至也；扬名显亲，孝之至也；兄弟怡怡，宗族欣欣，悌之至也；临财莫过乎让。此五者，立身之本。

王羲之说，这是我们琅邪王氏的家训。它告诉我们，说话做事经得起检验，这就是诚信的最高境界；把美好的名声让给别人，自己甘愿背上恶名，这是德行的最高境界；通过自己成名让父母感到荣耀，这是孝敬的最高境界；兄弟之间心情愉快，家族之间和睦相处，这是友爱的最高境界；面对财富没有比谦让再好的了。这五个方面，是立身处世的根本。

王羲之提纲挈领，继续说，先祖的家训要求我们起码要做到两点，第一，品行要好，有了德行，才能立身；第二，学会忍让，懂得忍让，才能立世。

接下来，他讲了个故事：有一次，我和我的好朋友许玄度一块儿到奉化一带采药，听说当地一家有弟兄两个，为了争夺家产大打出手，弟弟竟然用刀把哥哥砍死了。王羲之继续说，我当时就对许玄度讲："你看，这弟兄俩这么残忍，也不知道你家和我家的后代将会是个什么样子。"针对这种情况，今天我给你们写下4个字，你们必须照着样子天天写，天天记。说着，他拿起毛笔，蘸了蘸墨水，在匾牌上写下4个大字：敦、厚、退、让。

王羲之语重心长告诫儿女们，一勤天下无难事，百忍堂中有太和。你们兄弟姊妹只要注重品德修养，学会忍让，我和你母亲就放心了。

在以后的时日里，王羲之的子女们都成为仁人君子和社会精英，其中二儿子王凝之娶妻谢道韫，二人均为文学大家；最小的儿子王献之成为与父亲齐名的书法家。

35 天上不会掉馅饼

当你进入绍兴兰亭公园,首先映入你眼帘的就是凉亭里石碑上的"鹅池"二字。看那"鹅"字活灵活现,"池"字出神入化。据传,当时,王羲之正在写"鹅池",但刚刚写好"鹅"字,就听说圣旨已到,身为右军将军的王羲之当然不敢怠慢,立即放下毛笔去接圣旨。这个时候,正在观看父亲写字的王献之就拿起毛笔续写了一个"池"字。"鹅池"二字珠联璧合,流传千古。

王献之是王羲之7个儿子中最小的一个,从小聪明透顶。他跟着父亲学习书法,自觉天资聪颖,因此就想走捷径,找窍门,而不想下真功夫。王羲之就经常教育他,一个人要想成功,靠的是一分的天赋,九十九分的努力。一个人再聪明,如果不脚踏实地刻苦努力,那将一事无成,天上不会掉馅饼。《乐府诗》中说:"少壮不努力,老大徒伤悲。"孟子就讲过这样一个故事,弈秋是全国的围棋高手,他同时收了两个很聪明的孩子学习下棋。其中一个人专心致志地学习,不久就成为优秀棋手;而另一个人表面上也听讲,可是他心里却想着天上可能要有天鹅飞过来,还准备拿弓箭去射它,结果棋就没学成。

听完父亲讲的道理,王献之问:"那我到底怎样才能学好书法?"王羲之便把献之领到院子里,指着18只水缸说:"你要想学习好书法,就用这些缸里的水研墨,练尽这缸里的水就行了。"

没有办法,王献之耐着性子,写了三年,才练完了一缸水,可他自我感觉还不错。一天,趁着父亲闲暇,他就把所有习字作品卷在一起,抱着到了父亲堂上。父亲郑重其事,一张一张地翻阅,认认真真地体味。当看到其中的一个"大"字时,就给他指点起来:"你看这个'大'字的结构,上紧下松,显得不协调。写字如做人，也要得体匀称。"说着，拿起笔来，在"大"字的下面加上了一点，而成"太"字，然后说："这样就行了。这个架构，看上去就舒服了。"王献之听着，心里总是有点不是滋味。

为了得到心理上的慰藉，献之告别了父亲，又抱着这些习字去给母亲观看。母亲认真翻看，仔细揣摩，当她看到那个"太"字时，手不翻了，眼不动了。她沉思良久，长叹了一口气，说："我儿写了三年，练字用尽一缸水，唯有这一点像羲之。"王献之走近母亲，注视着母亲还在凝视着的"太"字下面的那一点，顿时觉得满脸羞愧。这时候他才醒悟，一个人自作聪明不行，心浮气躁更不行。

从那以后，王献之一头扎进书房，通宵达旦研墨挥毫，终于成为举世闻名的书法家，与父亲并称"二王"。

第十章
陶渊明家风：做好人，做清白人

陶渊明生于372年，一说365年，卒于427年，又名潜，字元亮，浔阳柴桑（今江西九江西南）人，东晋著名诗人、辞赋家。陶渊明所在家族浔阳陶氏祖德深厚，家风淳正。陶渊明高祖母湛氏是中国古代著名贤母，曾祖父陶侃则为东晋时期名将。陶氏一族在繁衍生息中一直注重家庭教育。从湛氏"封坛退鲊"到"陶侃运甓"，再到陶渊明家书教子，其精义最终在《浔阳陶氏宗谱》中以20条祖训家规形式呈现出来，形成了系统的贤德、清廉的陶氏家风。

36 陶母的风范

"陶令不知何处去，桃花源里可耕田？"这是毛泽东主席《登庐山》诗中提到的陶渊明和他的桃花源。陶渊明在他的散文《桃花源记》里记述了一个打鱼的人沿着一条小河捕鱼，而后"忽逢桃花林，夹岸数百步，中无杂树，芳草鲜美，落英缤纷"。天地悠悠，岁月倏忽。今天，陶渊明的桃花源美景已然不见，可浔阳陶氏先祖的家教遗风却历久弥新。

在浔阳陶氏的家传文化中，陶母、陶侃、陶渊明三人占据着非常重要的位置。陶母的家教，让儿子陶侃成为立下赫赫战功的一代名将；陶渊明又从人品、诗品、文化思想方面丰富了陶氏家风的文化内涵。陶母的贤能智慧，陶侃的勤勉忠诚，陶渊明的仁义宽厚，三者相互结合，构成了中国古代家风的独特风景。

记得一位名人说过，人的一生，可以缺少父爱与父教，但绝对不可缺失母爱与母教。一个伟大的母亲，意味着一个家族文化传承、人丁兴旺、基业发达。

东晋时，有位女子姓湛，她的事迹还被记入了《晋书·烈女传》。湛氏贤淑俊美，有文化，与鄱阳郡枭阳县（今江西都昌）陶丹结为夫妻，生下一个儿子，起名陶侃。当时，陶丹家境贫寒，日常生活经常捉襟见肘。湛氏陪伴着丈夫在贫穷中度日，可没想到天有不测风云，年轻的丈夫突然得了重病，不久就撒手人寰。丈夫走后，湛氏挺起她瘦削的脊梁，独自带着幼小的陶侃艰难地生活，再苦再难也供养孩子读书，终于把儿子培养成人。娘儿两个在流浪中生活，后来从鄱阳迁徙到庐江郡浔阳县（今江西九江）。

一天夜里，大雪纷飞，忽然听到当当当的敲门声，母亲忙让儿子去开门。

客人牵着马走了进来，原来是儿子的挚友、鄱阳郡孝廉范逵，他出门有事路遇风雪，因而前来借宿。

湛氏让儿子陪着客人说话，自己端来了热水，让客人喝下驱寒。然后，把东厢房拾掇出来，安顿客人上床休息。湛氏刚刚睡下，只听院子里的马"咴咴咴"地叫了起来。她知道这是马饿坏了。怎么办？家里没有饲料啊。这时，陶侃也唉声叹气地走了出来。湛氏定神一想，给儿子说："别愁，我去去就来。"湛氏回到上房，从自己睡觉的床上随手把铺床的麦秆苦子抽出抱了出来。儿子问："娘，您这是干什么？"母亲说："用铡刀把它铡碎，喂马。"陶侃这才明白了母亲的用意。娘儿两个三下五除二把草苦子铡碎了，然后放进一个大竹筐，用水一拌，端到了马的跟前。

马喂完了，折腾了老半天的湛氏这才上床休息。可是，她翻来覆去怎么也睡不着，家里什么也没有，明天怎么招待客人吃饭啊。她想啊，想啊，直到想出了办法，才迷迷糊糊进入了梦乡。

第二天天还没亮，她就蹑手蹑脚起了床，瞒着儿子，把自己的长发剪了下来，拿到村子里的小当铺卖了，置办了菜肴带回家来。儿子见到母亲的样子，又看看她手里的菜肴，不禁露出苦涩的笑容。

湛氏时常教育儿子："人贫穷的时候，要挺直腰板儿走路；人富贵了，就要把腰板儿挺得更直。"起初，陶侃当上了一个小县吏，分管渔业。一次，他托人把公家的一坛腌鱼带给了母亲。湛氏问明情况，让这人原封不动地拿了回去，并附上一封书信，信中说："你身为官吏，本应清正廉洁，却拿官家的东西送给我，这样不仅对我没好处，反而增加了我的忧愁啊。"湛氏"封坛退鲊"的故事不知影响和教育了陶氏家族多少代人。

陶母是一位眼里揉不进丁点儿沙子的坚强女性，她品质好，有修养，自身清白，风范卓越，被誉为中国历史上的四大贤母之一。

37

陶侃励志

没经过寒冬的人，不知道太阳的温暖；没经过黑暗的人，不懂得太阳的光明。从逆境中成长起来的陶侃，他深深地懂得珍惜。

陶侃出身贫苦，少年丧父，在母亲的教育下，养成了好学、刻苦、勤奋、清廉的优秀品质。他出仕当官以后，从县官一直做到荆州、江州刺史。他从军三十多年，一次又一次平定战乱，为稳定东晋政权立下汗马功劳。不管是在什么工作岗位上，他都忠于职守，勤勤恳恳。在任荆州刺史时，把当地治理得政通人和，老百姓夜不闭户，路不拾遗。他官居高位，身价显赫，但从来都不摆谱，不饮酒，不赌博，不受贿。

陶侃是一个不安悠闲、发奋功业之人，"陶侃运甓"的故事在当时人们耳熟能详。陶侃走上为官之路，依然还在磨炼自己。在广州当官的时候，他在自己的书房里放了100块大砖。每天天不亮，他就早早起床，一趟又一趟地把砖搬到院子里。到了晚上，他又一趟又一趟地把砖搬回书房。下属们不解，问他为什么这样折腾自己，他说："我从小受苦，没享受过舒适的生活，天天磨炼自己，所以才有了个好身体。现在条件好了，如果习惯了贪图享乐，没有了好身体，怎么能胜任职事。"

陶侃当了大官，仍然不忘平民本色。有一次，他在路上看见一个人手里拿着一束还没有成熟的稻穗，当即心生烦恼，气愤地问他："你拿着这稻穗干什么？"那个人不屑地回答："我走在路上，看到路两边的稻子绿油油的，很可爱，就折了几棵玩玩儿。"陶侃听了勃然大怒，让下属捉拿住他，对他严肃地批评教育："你不仅不种地，竟然还拿着糟践别人的庄稼当儿戏！"直到糟践庄稼的人诚心认了错，陶侃才把他放走。从那时起，社会上就开始流传"陶侃惜谷"的故事。

　　陶侃对人对事非常真诚。庐江太守张夔，曾从范逵口中得知陶侃母子为人忠厚，因而对陶侃非常欣赏，就召他在自己手下当督邮。有一天，张夔的妻子突然得了大病，需要到几百里之外的地方去请医生。当时，适逢寒冬腊月，外边下着鹅毛大雪，天寒地冻，道路湿滑，不管谁去都是一趟苦差。同僚们你看看我，我看看你，都不作声。这时，唯有陶侃说话了："对待别人与对待自己要一样，郡守的亲人也是我们的亲人。如今，郡守夫人病了，哪有不关心的道理。不管困难多大，我去。"说罢，他就骑马上路了。周围的人不禁肃然起敬。

　　陶侃，一个真正的谦谦君子，他由他开始形成的清廉家风造就了一个著名家族——浔阳陶氏。

38

田园情，仁爱心

陶母、陶侃的铮铮风骨和言传身教涵养了一个家族的优秀家风，浔阳陶氏的家风精神又集中地反映在陶侃曾孙陶渊明这个优秀代表身上。

陶渊明洒脱豁达，"不为五斗米折腰"。他自幼刻苦好学，有很深的文化造诣，是中国文学史上第一位田园诗人。他出身于官宦世家，想混个一官半职唾手可得。他的一生，为生活所迫，当过几次小官，断断续续约有6年时间，可一不适意甩手就走。社会动荡，更朝换代，官场腐败，尔虞我诈，这不是陶渊明想要的生活。"采菊东篱下，悠然见南山""羁鸟恋旧林，池鱼思故渊"，那种平民的恬淡生活，才是他的向往。

陶渊明诗作中的向往自然、热爱生活的情趣与他躬耕陇亩、追求宁静的心态相互交织，构成一种平淡美。"种豆南山下，草盛豆苗稀。晨兴理荒秽，戴月荷锄归。"陶渊明的隐居生活其实是尴尬的。作为读书人，他是不会种地的。你看，他地里的杂草比豆苗还多。但是，早晨起来，他兴致浓浓下地除草；到了晚上，他头顶月亮扛着锄头回家。这哪里是在干活儿，分明是在享受着劳动过程的快乐。这是一般世俗之人根本理解不了的。陶渊明的隐逸，不仅要摆脱功名利禄的巨大吸引力，而且还要克服生活上的诸多困苦。可是，归隐使他的胸襟气韵、人格涵养、思想素质都得到了一次极大的提升。他也因此成为一个不可企及的坐标，为后世树立了人格风范。

陶渊明虽对官场的游戏不当回事，但对他的家风传承、子女教育却一丝不苟。他最后一次出去当官，已经40岁了，做了一个彭泽县的县令，也就是现在的县长。他出去做官后，家里人口多，能够料理家务的人少，只有儿子一个人能干重活。这时候，陶渊明担心儿子应付不了，就给他找了个年轻

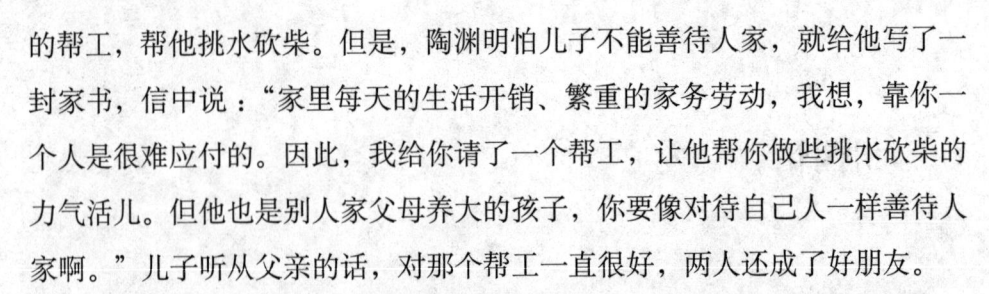

的帮工，帮他挑水砍柴。但是，陶渊明怕儿子不能善待人家，就给他写了一封家书，信中说："家里每天的生活开销、繁重的家务劳动，我想，靠你一个人是很难应付的。因此，我给你请了一个帮工，让他帮你做些挑水砍柴的力气活儿。但他也是别人家父母养大的孩子，你要像对待自己人一样善待人家啊。"儿子听从父亲的话，对那个帮工一直很好，两人还成了好朋友。

　　陶渊明与自己的兄弟姊妹都能和睦相处。他有两个堂弟，一个叫仲德，一个叫敬远。他们弟兄三人相濡以沫，志趣相投，交往甚密。他还有一个同父异母的妹妹，后来嫁给了程氏人家，他亲切地称呼她"程氏妹"。他们从小相互帮助，相互扶持，感情甚笃。但就在陶渊明做彭泽县令的时候，程氏妹突然患病去世。陶渊明悲痛不已，马上辞去县令，去武昌奔丧。为程氏妹服制一年半之后，他写下感情真挚的《祭程氏妹文》："寒往暑来，日月浸疏，梁尘委积，庭草荒芜。寥寥空室，哀哀遗孤。肴觞虚奠，人逝焉如……"悲痛之情跃然纸上。

　　平淡朴素的山水田园之情，仁爱厚道的人间大爱之心。这就是陶渊明感人至深的人格魅力。

第十一章
钱镠家风：不谋自己的事，只谋国家的事

钱镠生于852年，卒于932年，杭州临安（今属浙江）人，五代十国时期吴越国创建者。钱氏后人秉承祖训，绍继家风，绵延文脉，造就了吴越钱氏一门世代家风谨严人才兴盛的传奇。钱氏自唐末以来，载入史册的名家逾千人。近代以后，更是人才井喷，文坛硕儒、科技巨擘云集，海内外院士子弟数以百计，"中国导弹之父"钱学森、"中国原子弹之父"钱三强、"中国近代力学之父"钱伟长"三钱"的名字更是名震寰宇。究其原因，钱氏家族有一部饱含修身处世智慧的治家宝典。自钱镠始就留下《武肃王八训》《武肃王遗训》，钱氏后人总结前代治家思想，编订《钱氏家训》，从个人、家庭、社会、国家四个方面凸显出"利在一身勿谋也，利在天下必谋之"的钱氏家风主基调。钱氏家族被公认为"千年名门望族""两浙第一世家"。

39

《百家姓》引出的故事

《三字经》《百家姓》《千字文》，号称古代儿童启蒙的"三百千"。这《百家姓》开篇就说："赵钱孙李，周吴郑王"。《百家姓》产生于宋代，皇上姓赵，"赵"姓当然要排在第一位。那排第二位的就是"钱"姓，这个"钱"，指的就是钱镠的姓。看看人家钱家厉害不厉害！

钱镠是杭州临安人，他生于动乱的五代十国时期。907年，朱温灭掉唐朝，占据了中国北方大部分地区，建立了后梁王朝，当上了皇帝。从此，中国的历史又开启了动荡的时期。此后相继出现后唐、后晋、后汉、后周政权，称为五代。与此同时，中国南方和山西地区先后出现南吴、南唐、吴越、南楚、闽、南汉、前蜀、后蜀、南平、北汉等小国，称为十国。而钱镠就是这个十国当中吴越国的开创者、第一任国王。

960年，赵匡胤代后周称帝，建立宋朝，然后起兵削平割据势力，直到979年才结束了五代十国局面。在这个过程中，吴越政权是最晚消失的地方割据政权。也就在吴越国尚存的这个时期里，这个小国的某位文人创作了《百家姓》，后来被北宋编入蒙学课本。"赵"是皇姓，"钱"是吴越国王的姓，"孙"是钱镠的孙子钱弘俶正妃的姓，"李"是江南李氏，"周吴郑王"4个姓则是钱镠以及他儿孙后妃的姓。

钱氏家族是公认的"千年名门望族""两浙第一世家"，自唐末以来，载入史册的名家超过千人。近代之后，钱家更是人才井喷，文坛硕儒、科技巨擘云集，海内外院士数以百计。钱氏家族人才辈出，世代赓续，说起来，这其中定有奥妙。

可是，这个钱镠他出身于草莽，从小并没学到多少文化，功成名就之后就是一副穷人乍富的德性。他的家乡临安有棵大树，小时候，他与小伙伴们经常一起在大树下捉迷藏、做游戏。在统一了钱塘江两侧的浙东、浙西之后，他把那棵大树封为"衣锦将军"，在家里建了豪宅，每逢回乡都前呼后拥，排场很大。父亲钱宽对他的所作所为越来越不满意，一听说他要回家就赶忙藏起来，钱镠逐渐就意识到了什么。这一次回来，他专门不骑马，不坐车，不带随从，直接到了父亲屋里，这才见到了父亲。他问父亲为什么不想见儿子。钱宽语重心长地说："咱们家里祖祖辈辈种地打鱼为生，从来也没出过像你这么富贵的人。人不管走到哪一步，都不能忘本。你现在是两浙十三州之王，可是周围还都是敌对势力，人家正在虎视眈眈。你做人做事这么招摇，我害怕祸及家人，所以就不想见你。"钱镠听了，跪在父亲面前，痛哭流涕地说："父亲，儿子知道错了，您老不要再生气了，就看儿子的吧。"

从此以后，钱镠幡然醒悟，懂得了"创业容易守成难"的道理，小心谨慎做事，兢兢业业尽职，踏踏实实做人，呕心沥血持家。他在教育子女方面倾注了大量心血，特意制定了8条家规，要求子孙后代持躬谨严、洁身自好，严禁骄奢淫逸。钱镠去世后，他的孙子钱弘俶又对这个家训进行了充实和整理，流传后世。千百年来，钱氏子孙对自己祖上的家训依然耳熟能详：

要求自己不可不谨慎严格，面对财物不可不清廉耿介。熟读经典才会根基深厚，了解历史才能谈吐不凡。花繁柳密处能够开辟出道路，才能显示出本领；狂风骤雨时能够站得住，才算稳住了脚。娶妻要找才貌美好的女子，不要计较嫁妆；嫁女要选德才出众的女婿，不要贪图富贵。想要营造美好家庭，必须制订良好的规矩。把勤劳节俭当作根本，一定生活富足顺利；忠诚厚道地传续家族，家族才能够久远。不要看见利益就想谋取，不要看见比自己优秀的人就心生嫉妒。对自己一个人有利的事不要去谋取，对天下百姓有利的事就一定去追求。

这些规矩，钱氏的子孙们做到了，他们的家族延续自然会源远流长。

40 钱镠的警枕

公元10世纪初，正值唐末乱世，中原大地的战争此起彼伏，国家四分五裂。而在杭州的东南一隅却出现了一派安居乐业的太平景象，人们称之为"上有天堂，下有苏杭"。这就是钱镠建立的吴越国。

在四海风云、天下动荡的大环境下，能够打造出安乐祥和的一方净土，究竟要付出多少心血，这对于钱镠来说，只有天知，地知，己知。当时官场上盛传钱镠是"不睡龙"，都知道他通夜不睡觉。这里就说一说钱镠"警枕"的故事。

钱镠长期征战沙场，为了时刻警醒自己，他就做了一个特制的枕头，把枕芯掏空，在里边装上一只铃铛。每天夜里睡觉，他都枕着这个枕头。只要有敌军来犯，远在几十里开外嗒嗒的马蹄声就会让枕头里的铃铛嘤嘤作响，他马上就会醒来，接着披挂上阵，前去迎敌。他还在床前的方桌上放墨砚，夜里如果想起什么事接着就记下来，以免第二天误事。

吴越国强盛之后，钱镠的政治生涯也基本稳定下来，但是，他还是不敢放任自己，夜里睡觉他换上了"圆木警枕"——一根圆圆的木头，睡沉了一翻身头就会从枕上滚落下来。钱镠出身贫寒，小时候读书不多，完成霸业之后，他就强迫自己读书，渐渐喜欢上读书，最终他在学识、书法、绘画等方面都有相当造诣。到了晚年，钱镠认识到文化知识在人生旅途中是须臾不可离开的，他觉得读书让自己获得了很多益处，就要求孩子们也这么做，并告诫他们说："子孙虽愚，诗书须读。"这成为钱氏家族的重要家风。

钱镠恪尽职守，使得吴越国历经三世五王，政权平稳过渡，境内百姓安享太平，成为五代十国中政局最稳定、享国时间最长的政权。

41

读书不是为当官

自从隋唐实行科举制度以来,"学而优则仕"就成为历朝历代根深蒂固的传统观念。通过读书学习,走向官僚阶层,这已经成为读书人期待的发展轨迹。但是,钱氏家族的家风家训不仅重视"修身齐家",更加强调"治国平天下",它把"化家为国"的家国情怀贯穿其中。钱氏家族教育后世子孙,读书不是为了做蝇营狗苟的"小我",而是要做利国利民的"大我",也就是把读书的目的固化为追求知识、报效国家,这从大家熟悉的"三钱"事迹中就可得到说明。

先来说说钱三强。大家知道,原子弹和氢弹是中国的立国之器。钱三强就是中国原子能科学事业的创始人,中国"两弹一星"元勋。作为核物理学家,他在核物理研究中获多项重要成果,特别是发现重原子核三分裂、四分裂现象并对三分裂机制作了科学的解释,为中国原子能科学事业的创立、发展和"两弹"研制做出了突出贡献。

再说钱学森。原子弹和氢弹就相当于枪的子弹,有了子弹没有枪,那子弹是打不出去的。而钱学森就是研究"枪"的人。如果不是钱学森从美国学成归国研制出火箭,中国导弹、原子弹的发射至少也要推迟几十年。钱学森是世界著名科学家、空气动力学家、中国载人航天奠基人、"中国科技之父"和"火箭之王"。他曾就职美国麻省理工学院和加州理工学院,享受着优厚的待遇。他听到新中国成立的消息后,就想立即回国,随即受到美国的监禁。在经受了6年的磨难后,辗转回到祖国的怀抱,他以赤诚的爱国之心、极大的工作热情和渊博的专业知识,投入了火箭、导弹和航天器的研究开发工作。短短10年,我国导弹核武器获飞速发展,我国跻身世界核强国。

最后说钱伟长。钱伟长是钱挚的儿子,父亲英年早逝,他就由叔叔钱穆教养成人。钱伟长在清华大学上学时是学文科的,九一八事变爆发后,他找到物理系主任吴有训非得改学理科,主任问为什么,他情真意切地回答:"国家危亡,急需飞机大炮,需要理科学生。"清华大学毕业后,钱伟长于1940年赴加拿大多伦多大学学习,主攻弹性力学,获博士学位。1946年回国,长期从事力学研究,在板壳问题、广义变分原理、环壳解析解和汉字宏观字形编码等方面做出了突出贡献,为中国的机械工业、土木建筑、航空航天和军工事业建立了不朽功勋,被称为"中国近代力学之父""应用数学之父"。

"心术不可得罪于天地,言行皆当无愧于圣贤""私见尽要铲除,公益概要提倡""利在一时固谋也,利在万世更谋之"……这些家风精神映照在钱氏后人身上,折射出的是民族的风骨!

第十二章
范仲淹家风：没有国，哪有家？

　　范仲淹生于989年，卒于1052年，字希文，谥号文正，江苏吴县（今江苏苏州）人，北宋著名政治家、军事家、文学家，真宗大中祥符八年（1015年）进士，官至参知政事。他为政清廉，体恤民情，刚直不阿，力主改革，屡遭奸佞诬谤，数度被贬。他文学素养极高，有《范文正公集》传世，千古雄文《岳阳楼记》声震四海，"先天下之忧而忧，后天下之乐而乐"的思想情怀和仁人志士节操，成为中华民族流光溢彩的民族精神。范仲淹治家甚严，亲定《六十一字族规》和《义庄规矩》，专门书写《告诸子及弟侄》教育自家子弟，形成"爱国""爱民""忠厚""清白"的范氏家风。

42 幼年丧父,刻苦向学

"先天下之忧而忧,后天下之乐而乐。"范仲淹的这一千古绝唱,在我们中国妇孺皆知。大文豪元好问称赞他是"千百年间,盖不一二见"的人物。他有着忧乐天下的济世情怀,孤高特立的独立人格,廉洁勤政的政治品行,文武兼备的不世之才。

范仲淹的祖籍是苏州吴县,他生于宋太宗端拱二年(989年)八月。曾祖范梦龄、祖父范赞时,都在五代十国时期当过吴越国的小官。北宋时,父亲范墉先后在武信军、成德军、武宁军担任低级文官。范墉在老家与他的原配夫人生了四个儿子,分别是:范仲滔、范仲温、范仲涝、范仲滋。范墉在成德军任职期间,续娶谢氏为妻,而后生下一个儿子,范墉给他取名范仲淹。在这之后,范墉调到武宁军任长官秘书。可是,刚上任不久,范墉就得了大病不治身亡。这时候,范仲淹还不到两岁。由于母亲是续娶,又没在老家举行传统的婚礼,所以范仲淹母子二人不被范氏家族认可。当时,谢氏还年轻,娘儿两个无依无靠,起码的生计都没办法维持,无奈之下她带着范仲淹改嫁平江府(今苏州)推官朱文瀚,范仲淹也随之改名为朱说。

范仲淹的继父朱文瀚是宋太宗端拱二年的进士,也算是饱学之士,他一生中当过的最大的官是淄州长山(今山东淄博西北)县令。朱文瀚与原配夫人生了两个儿子三个女儿,续娶谢氏以后又生了三个儿子,加上朱说,一共九个子女。一家人就在他任职的长山县定居。长山县是个小县,县令的报酬一年还不到一百两白银,退休后只能拿到一半,对于朱家这么一个大家庭来说,生活是比较窘迫的,经常是捉襟见肘。但朱文瀚品质端正,为人厚道,对朱说视为己出。朱说聪明伶俐,性格文静,继父对他很有好感。他从小在继父身边长大，受到了良好的启蒙教育。朱说自幼喜欢读书，可与他一起长大的其他兄弟姐妹却大多游手好闲，不尚学习，他曾劝他们要好好读书。这时朱说还不知道自己的身世，可年龄大点的哥哥姐姐却知道他不是朱家的后代，因此就奚落他。

长山县城外有一座小山，叫长白山，山上的醴泉寺有一个高僧，博古通今，学识渊博，朱说就去拜他为老师，跟他学习。因为家里并不富有，他就从家里带来玉米面煮粥。每天用两升玉米面煮一锅粥，过了一夜凉下来就凝固了，他用刀子切成四块，早饭晚饭各取两块，加上自己从山上挖来的野菜，再加点醋和食盐，就这样吃了三年。

朱说的学习生活虽苦，心里却很快乐。可是，在23岁那年，他意外地知道了他的身世，原来自己不是朱家的亲生子女。这让他大为震惊，百感交集，感情上接受不了。为了尽快摆脱这个让他尴尬的家庭环境，他不顾继父和母亲的百般劝说，毅然决然辞别父母，来到应天府（治今河南商丘）应天书院求学。这里名师云集，藏书丰厚，他如鱼得水。他把自己的不幸、母亲的呵护、继父的厚爱以及尴尬的身世一股脑儿转化成刻苦学习、努力向上的精神支柱。冬去春来，寒来暑往，三更灯火，通宵达旦，五年的寒窗苦读，终于让他在宋真宗大中祥符八年（1015年）三月考中了进士，这一年他27岁。进士及第后，朝廷命他出任广德军司理参军。

宝剑锋从磨砺出，梅花香自苦寒来。这就是范仲淹年轻时的人生写照！

43 奋力找回姓"范"的资格

对于今天的孩子来说，你想姓父亲的姓就随父姓，你想姓母亲的姓就随母姓，甚至于想姓别的姓氏也没人干涉。但对逆境中的范仲淹，那可不是一件容易事。他本来姓范，并且是生父范墉给他起的名字，后来随继父姓朱，现在长大了，想再姓范，那还真是难上加难。

范仲淹得中进士之后，他就进入了仕途，要想更名换姓，那就得先征得朝廷同意。宋天禧元年（1017年），他改任一个芝麻大的小官，叫集庆军节度推官。这一年，他29岁，即将进入而立之年的他急不可待，决意认祖归宗，恢复原名。这时，他给朝廷上了个奏章叫《乞归姓表》，也就是打了个报告，希望皇上能够批准他回归范姓。文中他情真意切地说，陶朱就是越国的范蠡，张禄就是魏国的范雎，他二人都是我的先祖，为了报效国家，曾经改名换姓，可后来都又恢复了姓名。我也想真心诚意地为国家效力，只有认祖归宗，恢复范姓，才能了却我的一大心病，专心致志地投入工作。朝廷当即批准了他的奏章，进士朱说遂恢复范姓，名仲淹，字希文。

恢复原名原姓，光朝廷同意还不够，还必须得到朱家的认可。范仲淹认祖归宗，恢复姓名，绝不是想忘掉朱家的恩情，忘掉继父对他的教育。可是，一个人的一生，一定要知道自己的根在哪里，只有知道从哪里来，才能知道到哪里去。如果没有了血脉亲情，哪里还有家国情怀？归宗是当然的，报恩是应该的。庆历五年（1045年）四月四日，继父已经去世，已成为资政殿学士、右谏议大夫，新知邠州的范仲淹上书宋仁宗，他说，我从小失去父亲，跟着母亲到了朱家，继父对我的养育、教育之恩永远不能忘怀，我想把皇上授予我的"功臣阶勋"转赠给早已过世的继父朱文瀚。朝廷同意了范仲淹的意见，于是颁发圣旨追赠朱文瀚为太常博士。另外，虽然自己已经当官，继父在世时他并没把母亲接到自己身边，直到继父去世之后才把母亲接来供养。范仲淹的所作所为得到了朱家的赞赏和认同。

认祖归宗，恢复名姓，最重要的还要得到范氏家族的同意。苏州范氏也是当地名门望族，一听说范仲淹要认祖归宗，宗族内部分歧很大，族人大都认为他是想来分他们家产的。范仲淹苦口婆心向他们解释：我只是想回归原姓，绝不分取半点家产。不仅如此，宗族内部不管谁有困难我都会尽力帮助。范仲淹的诚意终于得到了家族的理解，他们愉快地接纳了范仲淹为范氏家族成员。至此，他才成为一个理直气壮的"范仲淹"。

继父去世之后，范仲淹把母亲从朱家接出来，让她在自己身边安度晚年。母亲去世后，范仲淹既没把她安葬在苏州范氏墓地，也没归葬长山朱氏墓地，而是在洛阳万安山下另辟墓地安葬了母亲，日后范仲淹以及后世子孙也都随母亲安葬在这里。

44

忧乐天下，民族风骨

1046年，一再被贬官的范仲淹，这一次被一下子从京师贬到了邓州（治今河南邓州）做知州。这时，与他同样被贬官做岳州（治今湖南岳阳）太守的好友滕子京重新修葺了岳阳楼。这年六月，他给范仲淹送来一幅岳阳楼草图，邀请他为岳阳楼作记。此时，已经58岁的范仲淹锐气不减，洋洋洒洒，一气呵成，作就《岳阳楼记》，他在结尾处写道：

不以物喜，不以己悲。居庙堂之高则忧其民，处江湖之远则忧其君。是进亦忧，退亦忧，然则何时而乐耶？其必曰"先天下之忧而忧，后天下之乐而乐"乎！

不因为外部环境好就高兴，也不因为自己处于逆境就悲伤。在朝廷里做官，我就为老百姓担忧；在偏远的地方做官，我就为国君担忧。地位高了也担忧，地位低了也担忧，那什么时候才能欢乐呢？（如果有人这样问我）我一定会说："在天下人还没有担忧之前，我先去担忧；在天下人都欢乐了之后，我再去欢乐。"

这是何等的豁达，这是何等的通透！范仲淹是把整个天下一肩担起，真正做到了修身、齐家、治国、平天下。

天圣六年（1028年），范仲淹回到朝廷，当上了京官，官名叫秘书阁校理。在皇上的眼皮子底下混事，那还不是伴君如伴虎，必须时时处处小心翼翼，可人家范仲淹依然还是本性不改，潇洒如故。他勤于朝政，敢于直言，意气风发。皇上的老娘刘皇后，纯粹就是个泼妇，宋仁宗已经二十多岁，当了五六年的皇上，却不能主持朝政，朝廷里的事，她横遮竖拦，皇上根本当不了她的家。慑于这老妇人的淫威，朝里的大小官员都跟在她后面屁颠儿屁颠儿的。可就这范仲淹不知趣儿，他偏偏上书朝廷《乞太后还政奏》，不能让这老妇人当家，坏了朝廷的大事。这一下子就惹恼了刘太后，当即把他贬到河中府（治今山西永济蒲州）当通判。

离开朝廷的范仲淹，更加贴近了老百姓的生活，时刻把他们的冷暖挂在心上。明道二年（1033年），全国发生了大旱，庄稼几乎全都旱死，然后暴发了蝗灾，蝗虫把庄稼吃了个精光。淮南、京东等地灾情更为严重。范仲淹心急如焚，上奏朝廷，请求派遣官员视察灾区，救济灾民，可是皇上却置之不理。范仲淹义愤填膺，冒死当面劝谏宋仁宗："宫里的人如果半天不吃饭，你觉得他们会怎么样？江淮等地的老百姓不知道多少天吃不上饭了，饿死的人遍地都是，你怎么能装看不见呢？"仁宗皇帝被问得哑口无言，却转而派他去江淮救灾。范仲淹完成救灾回京时，特意把灾民吃的一种野草——"乌昧草"带到朝廷，呈献给皇上，让他传给六宫贵戚们都看看，老百姓吃的就是这种东西，劝诫他们不要再浪费粮食。

范仲淹8年中3次被贬，最后一次，被贬到很远的饶州，临走时，送别的人寥寥无几。贬放的途中，妻子去世，自己也得了重病，他的好友梅尧臣实在是同情他，写了一篇《灵乌赋》，劝解他说："兄长啊，你这'乌鸦'路走得不对，偏要报忧不报喜。你要换一种活法，学会明哲保身。沉默是金，难得糊涂啊！"可是，范仲淹仍然昂起倔强的头颅，义无反顾地说道："宁鸣而死，不默而生！"一语振聋发聩，震古烁今。这就是范仲淹的人生观、价值观，这就是中华民族的风骨。

45 范式家风——学会"忍穷"

范仲淹出身穷苦，当了大官却不忘本色。他从来不为自己捞好处，也从来不让家人沾自己的光。他没有任何追求物资的欲望，没有一点穷人乍富的样子。他要求家人也要像他这样，一心只为国家着想，一心只为百姓着想。

范仲淹教育他的后人要志存高远，勤俭节约，遵守规矩，和气做人，清白为官。他在《告诸子及弟侄》一文中，这样教育他的后人：你们做了官以后，要处处小心，不能对人家傲慢轻侮，与同僚要和睦相处，以礼相待。不要让乡亲来你的治下做生意，自己做官也要清心寡欲，不要想着为自己谋私利。你们看看我一向是怎么做的，有过为自己谋私利的事情吗？我们自家要培养良好的家风，家族中所有人都要做好事，为祖宗增光添彩。

范仲淹官至参知政事，依然坚守廉洁。他认为"忍穷"对于一个人意义重大。他谆谆告诫后人："老夫屡经风波，惟能忍穷，故得免祸。"他认为，如果一个当官的能做到"忍穷"，这样一个人一个家庭就可以避免灾祸；如果所有当官的都能"忍穷"，一个国家就可以避免灾祸。范仲淹一辈子都坚持"忍穷"，他以自己的清白，把自己的命运与国家的命运和老百姓的命运紧密地联系在一起。

小时候在长山求学，家里很穷，范仲淹每顿饭只能吃上两块凉粥。这时，山上有个匠人，能把水银炼成白金。这匠人看着范仲淹老实可靠，又学习刻苦，觉得是一个可造就之才，于是就想助他一臂之力。那人把炼白金的秘方交给了范仲淹，还赠给他一斤白金。当时正是范仲淹穷困之时，可他只顾学习，这一斤白金他一点儿也没动。那炼白金的方子更是连看也没看。他把白金和方子小心翼翼地包好藏了起来。十几年后，范仲淹功成名就，这时候那个匠人已经去世多年，他就找到匠人的儿子，把白金和秘方都交给了他，并对他说："你父亲能把水银炼成白金。他死的时候，你还小，便把一块白金和秘方交给我保管，现在你长大了，该还给你了。"匠人的儿子不禁感激涕零。范仲淹说，人要做到"三不欺"，做人、做事、做官上不欺骗君主，下不欺骗老百姓，中不欺骗自己的良心。

庆历五年（1045年），范仲淹的继父朱文瀚去世，这时已经当了朝廷命官的范仲淹便决定把母亲接到自己身边奉养。差人听说范仲淹要回家，知道他手里肯定没有盘缠，就想方设法给他筹集了一笔路费，可他说什么也不收。差人不解地问："你手里没有积蓄，离家千里迢迢，没钱怎么回去呢？"范仲淹说："我不是还有一匹马吗？把马卖掉，不就有了回家的路费了吗？"听说范仲淹要卖马凑盘缠回家，差人非常惊讶："大人，你离家这么远，把马卖掉可怎么走呀？"范仲淹笑着说："我有两条腿，我这腿从小走路走习惯了。"从此，范仲淹"卖马接娘"传为美谈。

范仲淹有四个儿子：范纯祐、范纯仁、范纯礼、范纯粹。范仲淹到了晚年，田宅未立，居无定所。他教育他的子孙后代要像他一样过俭朴的生活。二儿子范纯仁官至宰相，却和范仲淹一样，过着节俭的生活，并且乐善好施。《宋史》记载，范仲淹在睢阳当官时，一次，他让儿子范纯仁到苏州运回一船麦子。运麦子的船只走到丹阳时，碰到了熟人石曼卿。范纯仁问他为什么在这里停留，石曼卿回答说："我的亲人去世了，运灵柩回家，可是，没有路费了，只能停在了这里。"范纯仁一听，二话没说，便将一船麦子全部送给了石曼卿，让他做了路费。范纯仁空空如也，回到家里，没敢向父亲提及此事。范仲淹见了久别的儿子，嘘寒问暖，还问他一路上碰到熟人没有，范纯仁这才回答说："船到丹阳时，碰到了石曼卿，他的亲人死了，没钱运灵柩回乡，被困在了那里。"范仲淹立刻问道："你为什么不把船上的麦子送给他？"范纯仁回答说："我已经送给他了。"范仲淹听后非常高兴，称赞道："你已经得到我们家风的真传了！"

明道二年（1033年），范仲淹被贬睦州（治今浙江建德）知州后又移苏州。

来苏州后，因为没有居住的地方，他买了一块地皮，准备自己盖房子。盖房子之前，请来风水先生看看风水。风水先生一看，高兴极了，说："这块地方风水很好，在这块地皮上盖了房子的人家，今后辈辈都会出大官。"范仲淹听后心想，如果真是这样，这么好的事不能让范家一家独享。于是，他把这块地皮捐了出来，建了一所学堂，让乡里的孩子都来这里上学。

问渠那得清如许，为有源头活水来。千百年来，范仲淹的"忍穷"品格不断为范氏家风注入源头活水，范氏家风始终像一股清流滋润着一代又一代后人的心田。

第十三章
包拯家风：当官要清白，做人要正直

包拯生于999年，卒于1062年，字希仁，谥号孝肃，庐州合肥（今属安徽）人，天圣五年（1027年）进士，北宋名臣，著名清官。包拯官至枢密副使，他不附权贵，铁面无私，清正廉洁，深受民间赞誉，人们尊称他"包公""包青天"。包拯用一生所为凝聚成"清白"家风，立下严厉家规，要求子孙世世代代传承。包拯家规言："后世子孙仕宦犯赃滥者，不得放归本家；亡殁之后，不得葬于大茔之中"。包拯家规的冷峻、肃杀之气，让子孙后代不敢有半点非分之想，包氏后人代代清廉。

46 铁面无私包青天

"开封有个包青天,铁面无私辨忠奸。"一听这唱腔,你马上就会想到那个黑脸包公。铁面无私、忠奸分明的包青天形象,就是中国人对包拯的一种民族记忆。

因为包公的故事感人至深,所以他的身上附着了很多传奇色彩。实际上,他的皮肤也不是那么黑,额头上也没有月牙。他身边没有白玉堂和展昭,也没有三口大铜铡。他就是一个不畏权贵、勤政为民的好官员。他的行事风格,老百姓个个喜欢,皇上即使并不见得喜欢他,却不会怀疑他的公心。

包拯在中国是一个家喻户晓的著名清官。999年,包拯出生在一个书香家庭。他的父亲包令仪从小刻苦读书,考中了进士,做过知县。回想父亲走过的道路,包拯懂得要想为国家做事,就得好好读书。

少年包拯耳濡目染,勤奋好学,在传统经典的海洋里遨游,小小年纪就对《诗》《书》《礼》《易》等儒家经典烂熟于心,逐步形成了自己的行为规范和人生理想。天圣五年(1027年),包拯考中进士,而后就在官场里摸爬滚打。

包拯在当监察官五年半的时间里,弹劾贪官污吏六十余人,平均每年十多人。宋仁宗有个妃子叫张贵妃,皇上对她特别宠爱。张贵妃的伯父张尧佐品质恶劣,低级平庸,但皇上一年之中提拔他四次,当的还都是有实权的官,朝中大臣都非常气愤。对于这个"国丈",包拯一连弹劾他六次,硬是把他拉下马来。第一次弹劾张尧佐,皇上觉得很没面子,于是就给包拯点儿脸色瞧瞧,张尧佐的官不仅没降反而又升了。包拯一气之下,在三天以内又第二次弹劾,并且在朝廷上大骂"国丈"是"盛世垃圾,白昼魔鬼"。面对包拯的正气凛然，皇上却装聋作哑。包拯一看没有动静，第三次弹劾。但宋仁宗仍然一意孤行，还要把"国丈"提拔为宣徽使。包拯按捺不住心中的激愤，和皇帝面对面辩论。他义愤填膺，义正辞严，唾沫星子溅了皇上一脸。皇上拂袖而去，回宫后向张贵妃发了脾气："你只知道要官，大堂之上包拯的唾沫都吐了我一脸！"这时候，张尧佐一看犯了众怒，只好辞去了官职。

今天，我们查阅《包拯集》，就会发现在187篇上疏中有35篇指名道姓地揭发了61名本朝官员各式各样的腐败行径。其中贪赃枉法、损公肥私者9人；惨无人道、祸害老百姓的7人；贪图地位、索官要官的13人；不学无术、没有本事的18人；奸佞狡诈、打击报复的11人；无事生非、造谣惑众的3人。

包拯对待贪官污吏铁面无私，丝毫不留情面，但是对待老百姓却是呵护有加，格外体恤。他在开封府任职期间，撤掉了"门牌司"，也就是今天的门卫，把开封府的大门打开，让老百姓直接到大堂上递状子，陈屈伸冤，因而深得民心。

47

把砚台扔到江里

北宋仁宗康定元年（1040年），包拯被贬为端州（治今广东肇庆）知府，任期三年。

端州当时属于偏远地区，土地空旷，人烟稀少，自然条件落后。古代当官的，如果皇上相不中，看不上，被贬了官，才派到这个地方任职。这是天高皇帝远的地方，来这里当官，谁人不是心灰意冷，当一天和尚撞一天钟？可人家包拯来到端州，却一点儿怨气也没有，稍作安顿就开始了工作。他想，既然朝廷派我来这里任职，就应该当好百姓的衣食父母，这里越是偏僻落后，就越应该下大力气治理。

包拯带领着他的同僚一个地方一个地方地察看，耐心听取百姓反映的问题。端州城里老百姓喝的水主要是西江水和沥湖水，水质很差，喝了以后得病的很多。包拯不由分说，带领随从和百姓就在城里开始打井，一连打了7口水井，人们喝上了干净水。直到现在，还有一口井有水，今天的肇庆人都称之为"包公井"。为让百姓能吃上饭，他想方设法改善农业生产条件。过去，当地经常发生水涝，他带领百姓深挖地下渠，排除地面积水；修筑西江围堤，防止江水外泄；把低洼地筑成鱼塘，发展淡水渔业。为了稳定民生，在生产发展的基础上，包拯在端州城里建起了粮仓，有计划地储备粮食，以备饥荒。为发展商业贸易，在城西建立了崧台驿站。为促进当地文化教育，在宝月台建立了星岩书院。包拯多措并举，多业发展，让边远落后地区的百姓解决了温饱问题。

三年的时间一晃儿而过，不知不觉中端州发生了翻天覆地的变化。1042年，任职期满的包拯就要乘船离开端州。老百姓们依依不舍，大街上为他送行的人们接踵摩肩。为了表达对包拯体恤民情的感激，当地人送给他一方端砚。包拯的随从见是一方砚台，又不是什么金银财宝，便收下了。船驶出羚羊峡，刚刚行至江中不久，包拯发现了砚台，他问清了原委之后，对他的手下进行了严肃的批评，并将这方端砚抛入江中。他对属下说："端砚是端州一宝，作为读书人，我能不喜欢这方砚台吗？可它却是属于端州百姓的，我们应该把它还给端州。"

壁立千仞无欲则刚。人的刚正与无私是一对孪生姊妹，只有没有私欲的人，才能做到刚正。

48

谁割了俺家的牛舌头？

包公得中进士后，入仕的第一站就到了安徽天长县当县令。

在包拯之前，在天长县当县官的，老百姓们大多都嗤之以鼻，用他们的话说就是"黄鼠狼子生老鼠———窝不如一窝"。因此，这个地方民风民俗向来不好，民间偷摸拿拾、不务正业的人越来越多。

天长县城不远处有个村子叫陈家庄，陈家庄有个农民叫陈三堂。这陈三堂憨厚能干，家里的日子过得倒还殷实，他与妻子生了三个女儿一个儿子，这大女儿已经长到十七八岁，出落得如花似玉，人见人爱。陈三堂的西邻居叫胡安分。虽说名字叫"安分"，其实他一点儿也不安分，好吃懒做，油嘴滑舌，拈花惹草，到了将近40岁的年龄还没娶上媳妇。有时候，胡安分趁陈三堂夫妇不在家，就去骚扰他的大女儿。一次，被陈三堂碰上狠揍了一顿，胡安分因此怀恨在心，伺机报复。

一天拂晓，陈三堂起来喂牛。拾掇好草料以后，来到牛棚一看，只见他的大公牛躺倒在地，两眼瞪得溜圆，肚子一鼓一鼓地喘着粗气，嘴里淌着血水。这时，他如遭雷击，急忙掰开牛嘴一看，里面血糊糊的，牛舌头竟没有了。他心疼得流下泪来。这牛可是家里的宝贝，一个村里也不过三五户养得起牛，就连朝廷都规定私自杀牛就要坐牢。如今，牛没了舌头，这可如何是好？

陈三堂又气愤，又心疼，他急忙火速赶到县衙，在衙门外一边击鼓，一边喊冤，请求县太爷为他作主。包拯听到击鼓喊冤声立即升堂，命衙役将陈三堂传上堂来。陈三堂扑通跪地，向县太爷求救。包拯命其平身，慢慢道来。陈三堂缓了缓神儿，一五一十讲述了案情。包拯听后，沉思良久，脸上露出一丝不易觉察的笑意，然后对陈三堂说："你别着急，本县一定为你抓住那割牛舌头的人。不过，你必须按本县说的去做，现在回家马上把那头牛杀掉。"陈三堂一听，皱起眉头，疑窦丛生，正待要问，只见包拯摆了摆手，说："去吧，去吧，就照本县的话去做。"

陈三堂回家以后，心情非常沉重，因为这头牛跟着他过了这么多年，拉车犁地出了那么多力，就这样把它杀掉还真是心疼。可没办法，必须得杀呀。全家人无精打采地忙活了大半天，才把牛杀掉。

按照北宋的法律，私自屠宰耕牛是犯法的。就在杀牛的第二天清晨，天长县衙门外又有人击鼓告状。当衙役将告状人带到公堂之后，只见那人贼眉鼠眼，满脸横肉。包拯心想，这事果然应验了。然后胸有成竹地问道："堂下之人姓甚名谁，有何冤枉，且慢慢说来。"告状人战战兢兢地说："在下胡安分，是陈家庄陈三堂的邻居，昨天听到陈三堂私自宰杀耕牛，因此前来告发。"这时，只见包拯剑眉倒竖，惊堂木一拍，厉声喝道："大胆刁民，割了人家的牛舌头，反倒来告人家私宰耕牛，真是胆大包天，其坏无比！"胡安分一听，先是呆若木鸡，而后瘫软在地，磕头如捣蒜，老老实实供认了罪行。包拯又问："为何起意割人家牛舌头？"胡安分回答："我曾想与陈家女儿相好，却遭他毒打，因此想报复一下陈家。"至此，事实已经清楚，包拯最后宣判：胡安分骚扰民女，图谋报复，现在判你赔偿陈三堂耕牛一头，判刑一年，并枷号示众。

49 包拯家训造就三代清官

包拯当官当了26年，尤其痛恨贪官污吏，每一次弹劾贪官的时候，他都引用范仲淹的名言"一家哭何如一路哭？"也就是说，惩罚了一个贪官，可能引起他这一个家庭哭；但是，如果不惩罚这个贪官，就会有一方老百姓都哭。

为了让他的后世子孙都能做到清正守廉，包拯给自己的家族立下家训："后世子孙仕宦犯赃滥者，不得放归本家；亡殁之后，不得葬于大茔之中。不从吾志，非吾子孙。仰珙刊石，竖于堂屋东壁，以诏后世。"意思是说，后代子孙做官的人中，如果有贪赃枉法的人，活着不允许进包家的门；死了以后，也不允许葬在包家的祖坟当中。不遵从我的意志的，就不算是我的子孙后代。希望你们把我立的家训刻在石块上，竖立在堂屋东面的墙壁，以此告诫后代子孙。

包拯对后代子孙贪赃枉法的态度，用今天的话说，就是"零容忍"。活着不能进家门，死了不能入祖坟。寥寥数语，透出一股冷峻、肃杀之气，干脆果断，让人没有一点儿讨价还价的余地，不敢有半点儿非分之想。

嘉祐七年（1062年），64岁的包拯去世。这时候，包拯的大儿子包繶已经先于他去世，小儿子包绶年仅5岁。鉴于包拯对国家做出的贡献，宋仁宗亲自前往他家设立的灵堂吊唁。当仁宗看到包拯家里的人衣着打扮都极其一般，包家的摆设普通得不能再普通，确实与包公的身份相去甚远时，禁不住鼻子一酸，流下泪来。

包拯的小儿子包绶在宋哲宗时期历任濠州（治今安徽凤阳）团练判官、宣义郎、少府监丞、国子监丞、宣德郎、六品通直郎、汝州（今属河南）通判、六品朝奉郎等官职。他一生清苦，坚守节操。就是这样一个身居六品的官员，他去世的时候，人们打开他随身携带的箱囊，发现除了诰命、书籍和文具外，没有一样值钱的东西。

包拯的孙子、包绶的儿子包永年也一生为官，无论当官，还是做事，都做到了廉洁清正，活着没余钱，死后无积蓄，包公遗风在他身上得到了充分反映。他与父亲包绶把凝聚在祖父身上的忠、孝、廉等优秀道德品质，形成了一种包氏家族特有的"孝肃家风"，潜移默化地润泽着后人。

如今的安徽省九华山脚下，依然居住着2000多名包氏子孙。每年的家祭，他们都聚集在包家祠堂里，大声诵读着先祖留下的家训，一起承续老祖宗的家风。

第十四章
司马光家风：由俭入奢易，由奢入俭难

司马光生于1019年，卒于1086年，字君实，号迂叟，陕州夏县（今属山西）涑水人，世称涑水先生，北宋政治家、史学家、文学家，20岁中进士，官至门下侍郎（即宰相）。司马光主要著作《资治通鉴》被誉为中国史学史上的丰碑。司马光家规《训俭示康》《温公家范》彰显出"成由俭，败由奢"的深刻道理，说明了一个人从节俭朴素发展到奢侈浮华很容易，而从奢侈浮华再回到节俭朴素那是很难的事情。"尚俭朴""戒奢浮"成为司马氏家族优秀家风。

50

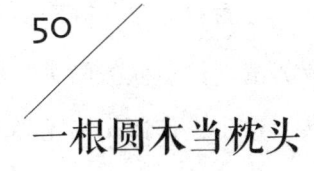

一根圆木当枕头

日月照天地,史学二司马。西汉的司马迁、北宋的司马光分别写下不朽史学巨著《史记》和《资治通鉴》,被世人称为中国史学史上的双璧。

司马光是北宋时期的政治家、史学家、文学家。他的祖籍是陕州夏县涑水。北宋天禧三年(1019年),司马光出生时,他的父亲正在河南光山县当官,父亲因此给他起名叫"司马光"。司马光从小聪明过人,刻苦好学,20岁参加会试,就一举高中甲科进士。司马光一辈子就做了两件事,一是当官,二是做学问。他当官当到了宰相,做学问写出了《资治通鉴》。司马光以德业之隆、文章之盛著称于生前与身后。

一听司马光的荣耀,你肯定觉得那是因为他的聪明。如果这样想,你就绝对走入了一个误区。一个人的成功,聪明是前提,努力是关键。1%的聪明,加上99%的努力,才能让人走向光明的彼岸。

司马光读书,从小就刻苦勤奋。在学堂里与同学们一块儿背书,其他人往往念七八遍还背不下来,可他读上三四遍就背下来了。可是,后来他发现,别人背得慢,可记得牢;自己背得快,却忘得也快。这时候他想,聪明的孩子也需要刻苦,如不刻苦,就会落得"龟兔赛跑"的结局。因此,在学堂里,不管学什么,他都用两手对付:凭聪明,先入为主;凭刻苦,巩固知识。就凭这两手,他启蒙阶段的基础打得非常牢固,学业突飞猛进。

到了晚上,一上床,他能倒头就睡,一睡睡个自然醒。这样一来,司马光觉得浪费了时间,影响了学习。怎么办呢?他先是让母亲按时喊醒他,可母亲看他读书读得太苦,经常不忍心叫他。司马光心想,这办法不行,自己学习总靠别人,那会耽误大事。他冥思苦想,怎么办呢?一天傍晚,他到屋

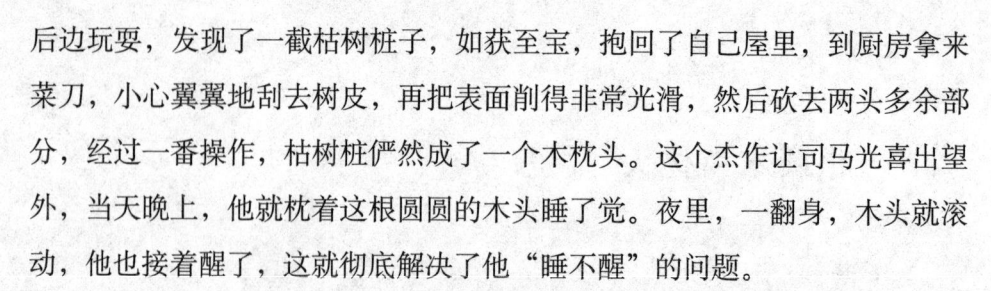

后边玩耍，发现了一截枯树桩子，如获至宝，抱回了自己屋里，到厨房拿来菜刀，小心翼翼地刮去树皮，再把表面削得非常光滑，然后砍去两头多余部分，经过一番操作，枯树桩俨然成了一个木枕头。这个杰作让司马光喜出望外，当天晚上，他就枕着这根圆圆的木头睡了觉。夜里，一翻身，木头就滚动，他也接着醒了，这就彻底解决了他"睡不醒"的问题。

一天，母亲在司马光床上发现了这根圆木头，正想扔掉，司马光说："娘，千万别扔，这是我的警枕。枕着它睡，我就不会睡过头了。"

母亲一听，感动地说："孩子，用功读书是好事，但也不要累坏了身体呀！"

司马光说："谢谢母亲，请您放心，我不会累坏身体的。"

司马光每天早早起床读书，坚持不懈，15岁时他已经读完周围可以找到的所有图书。后来，他终于成为一个大文豪。

北宋熙宁四年（1071年），司马光到洛阳当了地方官。他想，在这里，我要边工作边写作，探索历史上治国经验教训，为以后的当政者提供借鉴。他宵衣旰食，殚精竭虑，潜心著述，历经19个春秋，著就了294卷的编年体通史巨著《资治通鉴》，记述了16个朝代、1362年的历史。当朝皇上宋神宗看到以后既震惊又感动，欣然为这部长篇巨制钦定了《资治通鉴》的书名。

51

司马光砸缸

一看这题目,你肯定觉得太"小儿科"了,"司马光砸缸"的故事,谁人不知谁人不晓啊!

别急,告诉你,看似越简单的问题,可能就越隐藏着大学问。先来问你几个问题:

1. 小孩儿掉进水缸里,其他小孩儿都吓得跑了个精光,为什么只有司马光没跑?

2. 救小孩儿为什么不从缸里往外舀水,还非得砸坏一个缸?

3. 砸缸的为什么是司马光,而不是其他人?

你如果能顺利回答出这几个问题,故事我就不讲了;如果回答不上来,那还真得讲讲这"砸缸"的故事。

司马光字君实,陕州夏县人也。光生七岁,凛然如成人,闻讲《左氏春秋》,爱之,退为家人讲,即了其大指。自是手不释书,至不知饥渴寒暑。群儿戏于庭,一儿登瓮,足跌没水中,众皆弃去,光持石击瓮破之,水迸,儿得活。

这是文言文,用白话翻出来就是这样的:

司马光的字叫君实,他是陕州夏县人。司马光长到 7 岁的时候,他俨然像个大人一样,听人讲《左氏春秋》,特别喜欢,回来讲给家人听,(讲的过程中)就了解了它的大体意思。从此,他拿着书就不想放下,简直到了不知道饿、不知道渴、不知道冷、不知道热的程度。

一天,一群小孩儿在庭院里玩耍,其中一个小孩儿站在大缸的缸沿上,一失足就跌落到缸中,被水淹没了,(这时候)其他的小孩儿都跑掉了,只有司马光拿起石头向大缸砸去，缸被砸破了，水喷涌而出，被淹的小孩儿才得以活命。

据说，司马光救的这个小孩儿叫上官尚光。实际上，人家原来并不叫这个名字，就是因为司马光救了他，后来才改叫"尚光"。上官尚光一家人对司马光都十分感激，还将司马光救人的事迹记录在了上官家族的家谱里。上官尚光到了晚年，在他的家乡修筑了一座亭子，名曰"感恩亭"。

这个故事今天看来简单得不能再简单，但它却说明了许多深层次的道理。

第一，突然遇到了不测事件，可以检验出一个人心理承受能力的强弱。也就是说，在突发事件、复杂事件面前，谁的心理素质好，谁就能担当大任。发现小孩儿掉进水缸，其他的小孩儿跑了，司马光没跑，这说明司马光虽小，但已经具备比较成熟的心理素质。

第二，小孩儿掉进水缸里，是往外舀水，还是砸坏水缸，这构成一组比较选择。舀水速度慢，砸缸速度快，救人要紧，当然要砸缸。同时，砸坏一个缸与救活一个人，这又是一组比较选择。砸坏一个缸事大，还是淹死一个人事大？当然是淹死人事大。因此，大事当前，就必须牺牲小事的成本。这样看来，司马光当时已经有了"比较"意识。这是非常难能可贵的。

第三，小孩儿掉进水缸里，果断砸缸的是司马光，而不是其他人。这说明了什么？说明司马光比其他人更有担当精神和责任意识。作为一个人，不能只为自己，不顾他人。人生下来之后，就不是一个单纯的人，而是一个社会的人。"社会的人"就要做到"人人为我，我为人人"。不仅要做到别人有困难了，你挺身而出；而且要做到，自己遇到了困难和问题，也要有担当精神和责任意识，不能退缩，不能寻短见，因为你不是你自己，你周围还有很多你的亲人。

讲到这里，你说这个简单的故事"简单"吗？

52
从剥胡桃皮到卖马

孔子思想曾经塑造和建构了中国人的价值取向。人从一生下来，就走在了儒家为他设计的路径上——格致诚正修齐治平。格物，致知，诚意，正心，修身，齐家，治国，平天下。从这条路径上走过来的人，就会完成自己的人生飞跃，成为品质端正、修养儒雅、对社会有用的栋梁之材。曾经发生在司马光身上的两个小故事，就印证了这个道理。

一个是司马光小时候剥胡桃皮的故事。司马光家的院子里长着一棵五六丈高的胡桃树，树冠像一把巨大的伞，足足遮盖了大半个院子。到了秋天，胡桃熟了，家里人把胡桃摘下来，一筐一筐地摆满了院子和屋子。

看着青翠欲滴的胡桃，司马光馋得直流口水。他拿起一颗胡桃，就忙着剥皮，可不管怎么费力，就是剥不下来。这时候，姐姐走过来，她看弟弟急得满头大汗，就上前给弟弟帮忙。她接过胡桃，用力地剥起来，但由于不得要领，还是剥不下来。姐姐走后，家里的女仆正好走过来。她一看司马光急着吃胡桃，就说："别急，我帮你。"女仆端来一盆开水，放进去五六颗胡桃，胡桃皮经开水一烫，捞出来稍微一凉，用手一剥皮就脱落了。

司马光津津有味地吃着胡桃。这时，姐姐又路过这里，她吃惊地问："胡桃皮是谁帮你剥下来的？"司马光眼珠一转，得意地说："当然是我剥的。我想了个办法，用开水一烫，就剥下来了。"

姐姐正在疑惑，父亲走了过来。原来，女仆帮司马光剥胡桃皮的情景，恰巧让窗外的父亲看了个正着。父亲严肃地说："你这孩子，怎么能撒谎呢？一个人不诚实，是不能在社会上生存的。"司马光知道错了，他低下头向父亲和姐姐认了错。从那以后，他再也不说谎了。

第二个是老年卖马的故事。司马光一生为官,在他完成了《资治通鉴》的编撰后,自己也就步入了晚年。告老还乡后,赋闲的日子过得比较紧巴。这一年,家里有事急需用一笔钱,可司马光手里又没有什么积蓄,他就喊来管家商量。司马光说:"家里急需用钱,我手里又没有。我想,我已退休多年,那匹马我也用不着了,干脆把马卖了吧。"

管家心想,这匹马跟了主家多年,卖了还真有点舍不得,可急需用钱又拿不出来,也没有更好的办法。于是,也无可奈何地说:"那好吧,我去卖。"稍停片刻,管家又说:"说起来,咱这匹马还正当年,它品种纯正,高大有力,牙口结实,毛色漂亮,性情温顺,肯定能卖个好价钱。"

司马光打断管家的话,郑重地说:"你说的都是咱这匹马的长处,可是,你卖的时候,一定也得把咱这马的短处告诉买家,它每到夏天就犯肺病。"

管家一听,就犯了嘀咕:"老爷,世上哪有您这样的人呀,咱卖东西的,还要把看不出来的毛病先告诉人家。"

这时,司马光严肃地交代管家:"卖一匹马,钱多点少点是小事,可是做人不诚实就是大事。马的毛病,你一定得告诉人家。"

到了集市,管家果然照办了。结果,这匹马少卖了两成的价钱。

两个故事讲完了。大家看看,从剥胡桃皮到卖马,司马光的品德和修养是不是发生了嬗变?

53

当了大官还葬不起妻子

在古代,中国有典当这个行当。就是家里急于用钱了,就先把东西抵押出去,就能得到一笔钱。不过,如果家里死了人,要把土地抵押出去,用这笔钱发丧,那就说明这家人也太穷了。因为土地是人赖以生存的基础,抵押土地是有风险的。可这"典地葬妻"的故事就发生在司马光身上,这就把司马光的贫穷说到了淋漓尽致的份儿上。

司马光的"穷"是人为的穷,他这一辈子当官当到宰相,想发个财还不易如反掌?可是,一个人有一个人的追求,人家偏偏不把兴趣放在这里。

先来看看人家的家训。司马光教育儿子司马康时,写了一篇《训俭示康》,是这样说的:我一向穿衣服只求抵御寒冷,吃饭只求填饱肚子……许多人都把奢侈浪费看作荣耀,可在我的心里却只把节俭朴素当作美德。

在《温公家范》中,司马光这样教育他的后人:如今为后代谋利益的那些人,只懂得多积攒钱财留给子孙后代,然而不知道用做人做事的原则和道理去教育和规范他的子孙,也不知道用国家和社会的规矩法度去治理家庭。他们自己几十年辛勤劳作积累的财富,却被纨绔子孙们在短时间内就挥霍殆尽。在这里,他还引用唐代的故事教育后人。他说:"唐代中书令崔玄昹,起初担任库部员外郎,母亲卢氏经常告诫他说:'你现在拿了国家的俸禄,如果不能忠诚清廉,即便是每天给我宰杀牛、羊、猪三牲,我也吃不下去啊!'"

明白了吧,人家司马光是在"守穷"。他当了宰相,却还"食不敢常有肉,衣不敢有纯帛"。布衣素食,清廉俭朴,除了自己应得的工资以外,从不收取身外不义之财。

司马光住的房子,仅可遮风避雨,夏天热得受不了,冬天冷得受不了。

为解决这个问题，他就让人在房子里边往下挖了很深的地窖，被京城人戏称为"王家钻天，司马入地"。

我们都知道，司马光20岁开始当官，当了四十多年的官，且不说仁宗施行的高薪养廉制度，单说朝廷对司马光的赏赐，数量就颇为可观。例如，嘉祐八年（1063年）三月，仁宗下旨赏赐给司马光金钱百余万，珍宝丝绸无数；元丰七年（1084年）十二月，神宗又下旨奖励司马光，"赏与银、绢、衣和马"等等。哲宗即位后，垂帘听政的宣仁太后也没少给钱给物，他怎么会没钱？但是，据史料记载，这些赏赐，司马光一次都没要。仅有的一次，英宗将仁宗价值百余万的遗物平分给群臣，一人一份，司马光不要不行，可他左手进右手出，把全部所得捐给谏院当了办公经费。

司马光年老体弱时，他的朋友刘贤良想用五十万钱买一个婢女伺候他，司马光婉言谢绝，他说："我几十年来，吃饭都不敢常有肉，穿衣都不敢穿绫罗绸缎，大多时候都穿麻葛粗布，怎么还敢用五十万买一个婢女？"

北宋时期，士大夫有纳妾的风尚。但是，司马光和王安石、岳飞一样是极为罕见的不纳妾的人。司马光结婚三十多年，妻子张氏一直没生孩子，司马光并没放在心上，也没产生过纳妾生子的念头。妻子多次劝他纳妾，都被司马光拒绝。后来，司马光过继了哥哥的儿子司马康。

司马光一生与妻子相依为命。可他在洛阳编修《资治通鉴》时，妻子却不幸去世。司马光拿不出钱给妻子办丧事，儿子司马康想找亲戚朋友东挪西凑给母亲发丧，也被司马光挡住了。爷儿两个把家里仅有的三顷薄田抵押出去，拿到一笔钱，置办了棺木，简单料理了丧事。

以史为鉴，可以知兴衰。古代士人的清廉与风骨，难道还不应该成为当今的一面镜子吗？

第十五章
张载家风：说话有教养，行动有规矩

张载生于1020年，卒于1077年，字子厚，宋凤翔府郿县（今陕西眉县）横渠镇人，北宋哲学家、思想家、教育家，理学支脉"关学"的创始人，世称"横渠先生"，尊称张子，著有《正蒙》《横渠易说》等著作。张载具有强烈的爱国热情和社会担当，提出了震荡中华大地的"横渠四句"："为天地立心，为生民立命，为往圣继绝学，为万世开太平"，成为中华文明的精神标识。张载十分注重对青少年学生的培养教育，著有思想境界很高的《东铭》《西铭》等学规；重视家庭教育，做出规范家族成员具体言行的《十戒》家训家规，形成了"守规矩""重担当"的张氏家风。

54 少年丧父，从小立下报国志

提到张载，人们马上会想到"横渠四句"："为天地立心，为生民立命，为往圣继绝学，为万世开太平。"他为国家和社会创立一套积极向上的价值体系，为天下百姓开创一种健康有序的生活方式，发扬光大往圣先贤创造的璀璨文化，为国家开创出永续太平、社会和谐的崭新局面！胸怀天下的大视野，波澜壮阔的大格局，使得张载声震寰宇，泽流遐裔。

以上四句话被冯友兰称作"横渠四句"。何为"横渠"？横渠者，张载所居地也。张载，北宋哲学家、思想家、教育家。祖籍大梁（今河南开封），生于长安（今陕西西安），侨居凤翔府郿县横渠镇（今陕西眉县横渠镇）。张载在横渠镇安家以后，长期在这里讲学，所以人们称他"横渠先生"。

北宋天禧四年（1020年），张载出生在长安一户中小官吏家庭。他一生下来就非常可爱，父母对他充满了美好的期望，遂按《周易》中"君子以厚德载物"的理念给他取名"载"，期待儿子肩负起历史大任。

张载从小就显示出不同寻常的天赋，有着超群的意志。当时，张载的父亲在涪州（治今重庆涪陵）当官，一家人其乐融融。然而，天有不测风云，人有旦夕祸福。就在张载15岁那年，父亲得了重病，一病不起，死在任上。塌天之祸降临，全家人如遭雷击。母亲与张载、张戬兄弟承载着巨大的悲痛，置办棺木，成殓了张父。随后收拾起行囊，告别了涪州。

一辆牛车拉着父亲的灵柩，母亲和张载、张戬跟随在牛车的后边，行进在返回老家河南开封的崎岖小路上。不管刮风下雨，无论冰封雪地，那辆牛车满载着张载一家人的悲哀与无奈，在那条似乎看不到尽头的土路上缓缓而行。屋漏偏逢连阴雨。那个时期，辽和西夏经常侵扰中原。就在他们伴随父亲的灵车走到凤翔府郿县横渠镇时，遇到了一场空前的战乱。战场上的厮杀愈演愈烈，波及的区域越来越广。因此，张载扶柩回家的路被堵死了。无奈之下，张载母子就花钱在当地买了些许土地，把父亲埋葬在这里。父亲灵柩下葬之后，张载母子也建造了自己的房子，从那以后，他们就祖祖辈辈定居在横渠。

突如其来的致命打击和不公平的命运并没使张载从此消沉下去，逆境中他愈挫愈奋。一个寂寂无名的少年，默默地锤炼着自己的意志，等待着时机的到来。这时候，西夏与宋的战争依旧频仍。张载从小热爱阅读兵书，喜欢谈兵布阵，再加上这一次因为战争不能让父亲魂归故里，愈发激起他对战争的义愤。宋仁宗庆历元年（1041年），心忧天下的张载已经21岁，这时，他给时任陕西经略安抚副使、延州知州的范仲淹写了一封长信，陈述自己对时局的看法，表达期待为国家效力的渴望。

范仲淹从张载的信中感觉到他身上不同常人的潜质，在肯定了张载的爱国热情后，为他指出了一条更适于自身发展的光明道路，明确告诉他，自己的优势可能不在战场，而应该在文学领域，因此建议他弃武从文。张载听从了范仲淹的建议，从此开启了一代大儒的传奇生涯。他潜心钻研儒释道诸家理论，默而识之，静静醒悟，推理演绎，触类旁通。

宋仁宗嘉祐二年（1057年），38岁的张载考中进士，这为他日后建功报国奠定了坚实的基础。

55

真诚的张载

张载为人朴实无华，从做官到治学都彰显出他内心的真诚。

宋仁宗嘉祐二年（1057年），张载到汴京赶考，他与苏轼、苏辙兄弟二人一起考中进士。得中之后，这些学子都在京城等待分配工作。当时的宰相是文彦博，他对张载的学识非常欣赏，反正闲着也是闲着，因此就安排张载讲学。晚上，在开封相国寺设虎皮椅，张载开讲《易经》。他逻辑清晰，风趣横生，口若悬河。讲到高潮处，往台下一看，发现了两个人，一个是程颐，一个是程颢。这两个人，张载并不陌生，因为是他的两个表侄。按说，张载是表叔，是长辈，根本用不着客气。但是，张载却有自知之明，论对《易经》的研究，程颐、程颢那还真是胜己一筹。因此，他对台下听讲的人说："今天见到了程颐、程颢兄弟二人，他们已经深刻地掌握了《易经》当中阐明的道理，论水平我远不如他们。要学《易经》，大家可拜他俩为老师。"程颐、程颢本来在京城没有什么名气，可经新中进士这么一讲，二程兄弟马上在汴京名声大噪。讲完课后，张载主动邀请程颐、程颢一起对《易经》进行切磋，虚心向他们请教。程颐、程颢对长辈的虚怀若谷、礼贤下士感动不已。

张载走上仕宦道路的第一站就到了云岩县做县令，云岩县在今天陕西的宜川地区。当了县令后，他办事认真，政令严明，推行德政，重视道德教育，提倡尊老爱幼。每月初一召集乡里老人到县衙聚会，经常是准备好酒菜和食物，摆设宴席进行款待。席间询问民间疾苦，并反复叮咛到会的人，要把县衙的规定和告示转告给乡民。因此，他发出的告示，即使不识字的人和儿童也没有不知道的。

张载刚到云岩就创办了崇圣书院和县学，他奉行孔老夫子"有教无类"

的办学宗旨，招收学生不分贵贱，一般农民的子弟都有机会上学。书院以传授"六经"为主要教学内容，张载不仅邀请诸多先生讲课，他自己也亲自授课，受到当地群众广泛欢迎。

张载在云岩当县令时，发现当地农业生产十分落后，农民们大多靠天吃饭，不愿出力。张载就发布政令，要求播种之后必须实施田间管理：培土、施肥、除草。天旱时，有条件的地方要人工灌溉。他自己经常来到田间地头身体力行，亲自指导农民种地。他还从关中引进新农具，对当地落后的农具进行改造。当时云岩地广人稀，为了扩大耕地，张载从关中迁移了一大批没有土地的农民，安置在一些荒村，既增加了种地人口，又引进了先进的农作技术。这些举措，极大地促进了当地农业发展，人们得以安居乐业。

逆境中成长起来的张载，没有忘记做人的本分，他以自己的真诚赢得了人们的信赖。

56

张载家风是教育所有人

张载是一代大儒，也是教育家。他高度重视对家族子弟人文素质的培养和教育，期望自己的族人能够从自身做起，"知礼成性，变化气质。"为规范家人的行为，张载特地制定"六有""十戒"等家规家训，用以指导族人生活的方方面面。张载家风不仅只对自己的族人有教育意义，而且有着广泛的社会意义，可用以教育社会上所有的人，因此，至今仍闪烁着智慧的光芒。

"六有"即"言有教，动有法，昼有为，宵有得，息有养，瞬有存"。这是张载15岁时护送父亲灵柩回河南老家的途中，在拜谒勉县武侯祠以后的题词。"六有"强调，日常说话有教养，一举一动有规矩，白天的工作要有所作为，夜晚的闲暇时间应静思反省，通过休息保养身体和精神，点滴时间也不放过，要有所收获。

"十戒"即"戒逐淫朋队伍；戒好鲜衣美食；戒驰马试剑斗鸡走狗；戒滥饮狂歌；戒早眠晏起；戒倚父兄势轻动打骂；戒喜行尖戳事；戒近昵婢子；戒气质高傲不循退让；戒多谗言习市语。"也就是说，禁止结交社会上不务正业的下流人物；禁止吃喝玩乐，穿着艳丽；禁止骑马比剑斗鸡走狗；禁止酗酒、贪恋歌舞；禁止睡得早、起得晚；禁止倚仗宗族势力欺负人；禁止见难不帮、见急不救、挑拨离间；禁止亲昵猥亵女婢；禁止心浮气躁，不懂礼让；禁止说陷害别人的话、自以为是的话、贪图私利的话。

除了为家族制订家规家训，张载还在学规建设上下足功夫，以使对人的教育突破家族范围，扩大到社会上更广泛的人群。他制订了两项学规，一个叫《订顽》，一个叫《砭愚》，刻在横渠书院两侧的墙壁上。两则学规言简意赅，意蕴深远。后来，大儒程颐来到书院，对此大为赞赏，玩味再三，把学堂墙壁西边的《订顽》改为《西铭》，把学堂墙壁东边的《砭愚》改为《东铭》。

张载的家规家训和他的《西铭》《东铭》，不仅教化着他的子孙和弟子，而且影响和教育了一代又一代的中华儿女，张载的不朽思想和伟大品格将永照后人！

第十六章
苏轼家风：刚直不阿，宁折不弯

苏轼生于1037年，卒于1101年，字子瞻，号东坡居士，世称苏东坡，四川眉山（今属四川）人，北宋著名文学家、书法家，嘉祐二年（1057年）进士，曾任翰林学士、礼部尚书等职。有《东坡七集》《东坡乐府》等著作传世。苏轼豪放刚直，宁折不弯，清正廉洁，勤政为民，虽屡次遭贬，但内心却始终激荡着浩然正气。苏轼以一生坎坷经历和他的精神与风骨凝聚成"勤读书""尚刚直"的优秀家风，影响、教育着他的后世子孙和家族成员。

57

范滂的故事让他受益终生

提到苏轼,你的脑海中马上就会浮现出他那汪洋恣肆的《念奴娇·赤壁怀古》:"大江东去,浪淘尽,千古风流人物。故垒西边,人道是,三国周郎赤壁。乱石穿空,惊涛拍岸,卷起千堆雪……"

苏轼,世称苏东坡,他可称得上中国文坛上全能型的文学艺术家,诗、词、文、书法、绘画等无所不能。苏轼一生坎坷,但他却有原则、有品格、有底线。他的这份耿直与率真都赖于他良好的家教。

苏轼的母亲程氏夫人是眉山富豪程文应的女儿,18岁时嫁到苏家。由于出身文化世家,程氏夫人富有教养,修养气质出众,为人忠厚善良,操持家务,相夫教子,把整个家庭打理得井井有条。她全力支持丈夫的事业,以致苏洵的事迹上了《三字经》:"苏老泉,二十七。始发愤,读书籍。"儿子苏轼、苏辙双双考中进士。父子三人一同进入"唐宋八大家"行列。

程氏夫人的启蒙教育,对苏轼的思想产生了深刻影响。有一次,母亲给苏轼兄弟二人讲述范滂的故事。范滂是东汉末年的官员,一生与贪官污吏作斗争。东汉末年桓帝、灵帝时代,宦官专权,朝政十分黑暗。范滂坚守节操,刚正不阿,被朝廷任命为光禄勋主事。范滂立志澄清朝廷污浊,大刀阔斧整顿吏治,抑制豪强,打击宦官专权。因此,遭到了奸臣们的诬陷,他们污蔑他结党营私,称他为"党人"。

这个时期,整个朝廷奸佞当道,他们把范滂当作眼中钉,一天不除,就不肯善罢甘休。汉灵帝建宁二年(169年),朝廷派吴导去抓捕范滂。吴导是个正直的官员,他手持诏书来到范滂所在的县里,进了旅舍,关上门大哭起来。范滂听说后,马上赶过去,劝他说:"你不要为我的事担忧,我现在就去县衙投案。"

到了县衙，见到了县令郭揖。郭揖也是个正直的人，他毫不犹豫地解下县官大印，说："我和你一起逃跑，您为什么要在这里等死？"范滂说："我心里清楚得很，只有我死了，这件事才能算完。我不能连累你们这些好人，也不能让我的老母亲为我流离失所。"

范滂临上刑场之前，母亲来探望他。他跪在母亲面前，安慰母亲说："我的弟弟十分孝顺，可以供养母亲。儿子马上就要见到黄泉之下的父亲了，只是恳求母亲，您老一定不要太过悲伤，也不要时时刻刻想念儿子，那样我会死不瞑目的。"母亲眼含热泪说道："儿子有了这样的好名声，我还有什么好悲伤的呢？"

故事讲到这里，程氏夫人不禁叹息起来。苏轼忍不住扑到母亲怀里，激动地说："母亲，我长大了也要做范滂那样的人。"母亲露出满意的微笑："如果儿子能做范滂那样的人，难道我就不能做范滂母亲那样的人吗？"

范滂的故事启迪了苏轼幼小的心灵。苏轼的内心，一生都激荡着浩然正气。

58

"东坡"的来历

"乌台诗案"让苏轼差点丢掉了性命，使他的人生发生了重大转折。

"乌台诗案"其实本是一件平常的小事，可是有心的算计无心的，就酿成了大事。北宋元丰二年（1079年），43岁的苏轼调任湖州知州。上任后，他就给皇上写了一封《湖州谢表》。苏轼文中常显文人风采，笔端饱含感情色彩，比如说自己"愚不适时，难以追陪新进"，"老不生事或能牧养小民"，这些话被新党抓了辫子，因此攻击他"愚弄朝廷，妄自尊大"，说他"包藏祸心"，对皇帝不忠。他们又从苏轼的大量诗作中挑出他们认为隐含讥讽之意的句子，罗列罪名。这年七月二十八日，苏轼上任才三个月，就被御史台的吏卒逮捕，解往京师。因为御史台外种植着柏树，乌鸦常年落在柏树上，所以人称乌台。此案因为是御史台办的案子，所以叫"乌台诗案"。

案情上报到宋神宗那里，神宗皇帝决意要杀苏轼。朝野上下纷纷出来劝谏，就连与苏轼政见不同的退休宰相王安石也上书皇上，说："哪里有圣明的皇上杀有才之士的呢？"就因为王安石这句话，皇上才没杀苏轼。苏轼坐了103天大牢，有几次都将要赴死，这时，他想到了范滂，也想到了母亲。苏轼后被从轻发落，贬为黄州（治今湖北黄冈）团练副使。

苏轼被贬来到黄冈，首先遇到的是住房问题。按照朝廷规定，犯了罪的官员无权享受官府提供的住宅。这样一来，苏轼一家二十多口人的住宿就成了问题。没办法，苏轼找来找去，在江边找到了一个废弃的驿站，叫临皋亭，虽然江边潮湿闷热，一家人还是拥挤不堪地住在了这里。

接下来，就是生活开销和吃饭问题。团练副使是个空头官衔，况且苏轼又是个犯官，按规定朝廷只给一份微薄的实物配给，不发给工资。一家二十

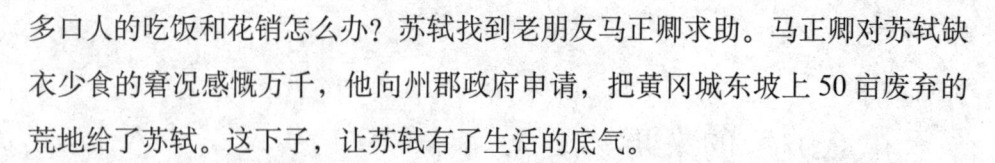

多口人的吃饭和花销怎么办？苏轼找到老朋友马正卿求助。马正卿对苏轼缺衣少食的窘况感慨万千，他向州郡政府申请，把黄冈城东坡上50亩废弃的荒地给了苏轼。这下子，让苏轼有了生活的底气。

　　城东的坡地，布满了荆棘和瓦砾，在那里开荒种地可不是一件容易的事。苏轼脱下文人的长袍，穿上农夫的短衣，带领着全家人上阵了，他依然不失过去的幽默和潇洒。在一般文人看来，开荒种地本就是一件不体面的事，可苏轼偏偏给那块荒废的坡地起了一个漂亮的名字——"东坡"；一介犯官，被贬偏隅，穷困潦倒，他却给自己取了一个高雅的字号"东坡居士"。苏轼种地与陶渊明种地，那有着本质的不同。陶渊明没有饥肠辘辘的窘迫，当然可以"种豆南山下，草盛豆苗稀"；苏轼的家人，长者等待食物充饥，小孩儿嗷嗷待哺，他种地当然要下大力气。

　　自打到了黄州，苏轼就有了一个更加响亮的名字"苏东坡"。黄州的苏轼，俨然成为一个平凡的养家糊口的劳动者，一个善于在劳动中寻找人间大美的文人，一个勇于在苦难中摆脱心灵枷锁的哲人。

59

识遍天下字，读尽人间书

苏轼自幼天资聪颖。享誉文坛的父亲对他百般呵护，耐心教育；名门出身的母亲对他循循善诱，悉心指点。苏轼从小养成了自觉读书的好习惯，他勤学好问，善于动脑，学业大有长进，常常出口成章。亲戚邻居对他赞不绝口，都夸他是"神童"。

一来二去，苏轼慢慢滋长了骄傲情绪，有时候就以学霸自居。忽然有一天，他心血来潮，乘兴写下一副对联："识遍天下字，读尽人间书。"写完，贴在自己的卧室门上。他洋洋自得，端详良久，不肯离去。

苏轼同村的王先生是个老学究，经常来找苏轼的父亲苏洵探讨学问。在近距离的接触中，他发现了苏轼学风上的霸气和学业上的傲气。特别是看到了苏轼的这副对联，心里更不是滋味儿。他想，朋友的孩子就是自己的孩子，我得帮助教育教育。其实，苏洵早就觉察到了苏轼骄傲自满的思想苗头，他正想找个适当的机会指点儿子。

过了两天，王先生又来了，苏轼礼貌地与他寒暄。王先生说："侄儿，伯伯近来正在阅读祖上传下来的一本小书，叫《易经释读》，想跟侄儿切磋一番。"说着，老先生就把书递给了小苏轼。苏轼翻开一看，什么乱七八糟的！尽是些符号，还有什么"乾卦""坤卦""艮卦"等等，苏轼压根儿没见过，连字也认不了，他立马涨红了脸。王先生一看，就语重心长地对他说："人外有人，天外有天。世上的知识多了去了，没学过很正常，咱慢慢学就是。只要虚心好学，就没有过不去的坎儿。"王先生正说着，苏洵走了过来，他指了指苏轼卧室门上的对联，说："儿啊，你这对联写得不错，只是能在上下联的上边各加上两个字就更好了，你看看怎么加？"

小苏轼太聪明了，眼前的一切他心领神会。他迅速拿来笔墨纸砚，一挥而就："发愤识遍天下字，立志读尽人间书。"王先生和苏洵会心地笑了。有时候，越是聪明的孩子，越是让大人头疼。但是，只要遵循规律，循序渐进，引导得法，就能事半功倍。

写完对联以后，苏轼依然端详了好久好久。他的心里波澜起伏：人要活到老，学到老，永不满足，永不骄傲。

打那以后，苏轼手不释卷，朝夕攻读，虚心求教。11岁时，他进入中等学校，认真准备科举考试。为了备考，学生必须通读经史诗文，有些经典必须达到能背诵的程度。背诵时，学生必须背向老师站立，不能偷看摆在老师桌子上的文章。古书上的文言文是不加标点符号的，你如果对文章内容不理解，就不知道到哪个地方是一句话。为了牢固地掌握知识，熟练地背诵经典，苏轼就在经书和正史的文言文中先加上标点，把句子断开，全抄写一遍，然后再把全文背诵下来。这样，就能做到老师指到哪里就会背诵哪里。

只要功夫深，铁杵磨成针。苏轼最终被社会公认为北宋中期文坛领袖，位列"唐宋八大家"。

60

世上最美兄弟情

"但愿人长久,千里共婵娟。"一看这诗,你可能认为这是一首绝美的爱情诗。其实,这是哥哥苏轼写给弟弟苏辙的。苏轼和苏辙亲密无间的兄弟关系,堪称世上最美兄弟情。

苏轼、苏辙虽为一母兄弟,却性格迥异,苏轼旷达洒脱,苏辙深沉内敛,这却丝毫没有影响他们之间的兄弟情谊。苏轼与弟弟感情笃深,携手并肩、患难与共的手足情贯穿了他们的一生。苏辙说哥哥:"抚爱我的时候是哥哥,教导我的时候是老师。"苏轼说弟弟:"这哪里像我的弟弟,简直就是一个德行最好的朋友和同学。"几十年间,他们相互勉励,诗文往来从未间断。

苏轼比苏辙大三岁,他们从小就在一块儿读书,下课后在一起玩耍,整天形影不离。北宋嘉祐二年(1057年),苏轼、苏辙一同赴汴京赶考,同榜考中进士。由于苏轼名气太大,人们往往忽略了同样出类拔萃的苏辙。苏辙虽然一生都在仰望着哥哥,但他没有成为苏轼的影子,而是成为另一座高峰。

嘉祐六年,苏轼到凤翔府当判官,苏辙也被朝廷任命到外地做官。为了照顾父亲,也为了让哥哥在外安心工作,苏辙谢绝了朝廷的外派,留在父亲身边。这是弟兄俩第一次离别,给哥哥送行时,苏辙骑着一匹瘦马站在雪地里久久不肯离去。苏轼回头看着弟弟的身影,心里一酸,泪珠就滚了下来。到任后,他给弟弟写诗,嘱咐他不要只顾着工作而忘记了小时候的快乐,也不要忘了咱们常常团聚的约定啊!

苏轼、苏辙兄弟二人宦海漂泊,聚少离多。苏轼每到一处都会给弟弟写信赠诗,他的诗作中以弟弟的字"子由"为题的诗词就超过100首。他对弟弟感叹说："吾从天下士，莫如与子欢。"意思是说，我与社会上那么多的文人墨客交往，都不如与你在一起感到快乐。苏轼往往为了这个弟弟写出世上最美的诗句。有一段时间，兄弟二人同在山东做官，但天各一方，各忙各的，竟然数年不得见面。这年中秋节，清冷的月光下，苏轼遥望着天空，真的是想弟弟了，他的心里波澜起伏，感慨万千，挥毫写下千古绝唱《水调歌头·中秋》："但愿人长久，千里共婵娟。"

北宋元丰二年（1079年），"乌台诗案"案发，御史台派人前往湖州缉拿苏轼。在河南任职的苏辙提前得到消息，立刻差人前去报信，而后，急忙上书皇帝，请求朝廷革去自己的官职替哥哥赎罪。

一场"乌台诗案"，把兄弟二人的情谊彰显得淋漓尽致。为了哥哥，苏辙不惜牺牲自己的一切；而因为一场乌龙，苏轼却留给了弟弟一首绝命诗。苏轼蹲进了大牢，几次差点儿被杀头。大儿子苏迈给父亲送饭，爷儿两个约定，如果相安无事，就送肉和青菜；如果皇上给判了死罪，那就送一条鱼。可巧有一天，苏迈有急事，他就委托自己的表弟代送牢饭。表弟偶尔去送牢饭，就想尽尽心意，结果他为改善伙食做了一条大鱼。苏轼见到大鱼，以为大限将至，不禁五味杂陈。心情平静后，苏轼赋诗一首《狱中寄子由》："是处青山可埋骨，他年夜雨独伤神。与君世世为兄弟，又结来生未了因。"虽然是一场误会，但是在死亡面前，苏轼最先想到的是苏辙，最想说的话也是希望来生还能和他做兄弟，足见二人感情之深。苏辙读完诗后放声大哭。这首诗辗转到了神宗皇帝手中，神宗看后也被他们的手足之情深深感动。

苏轼、苏辙儿时的愿望就是"对床听雨"。可是，建中靖国元年七月二十八日（1101年8月24日），苏轼在常州去世，临终前却没能再见到弟弟。十一年后，苏辙去世，他与哥哥葬在了一起。弟兄二人终于实现了田园归隐、夜雨对床的愿望。

第十七章
黄庭坚家风：家和则兴，不和则败

黄庭坚生于1045年，卒于1105年，字鲁直，号山谷道人，洪州分宁（今江西修水）人，北宋著名文学家、诗人、书法家。他的书法精妙，诗风奇崛，力摒轻俗之习，开一代新风。与苏轼齐名，世称"苏黄"。著有《豫章黄先生文集》《山谷词》等。黄庭坚的曾祖父黄中理曾从行孝、交友、从业、求学等方面制订20条《黄氏家规》。黄庭坚于晚年制订《家诫》，告诫后世子孙"藏书万卷可教子，遗金满籝常作灾"，形成了"家和则兴，不和则败"的黄氏家风。

61 / 五岁作诗

一提到黄庭坚,人们马上就想到耳熟能详的那首《牧童》诗:"骑牛远远过前村,吹笛风斜隔垅闻。多少长安名利客,机关用尽不如君。"

要知道,写这首诗时,黄庭坚才仅仅5岁啊。此诗不仅文笔老练,而且可以看出他对世事已经有所洞察,诗风根本不像一个5岁孩童的口吻。

黄庭坚的才气离不开文化沃土和黄氏家族的家学渊源。江西的西北部,一条美丽的修水河蜿蜒流淌。这条修水为这片古老的地方创造出无穷的文化资源,位于修水河上游修水县杭口镇的双井村就是举世闻名的"华夏进士第一村"。双井村自古民风淳朴,人文荟萃。据史料记载,仅宋朝一代,双井村黄氏家族就出了48位进士,其中4人官至尚书。黄庭坚曾祖黄中理祖上几代皆为进士,他也照例考中进士。黄中理重文讲礼,十分重视对子孙的教育,为双井黄氏的兴旺发达打下了坚实的根基。

黄庭坚天赋极好,从小聪明伶俐。父亲怕他自恃聪明延误了学业,就拿南朝"江郎才尽"的典故教育他,黄庭坚自幼就牢牢地记在了心里。他深刻认识到,聪明不是成才的资本,要把江淹作为一面镜子,时常对照自己。他学习的时候集中精力学好,玩儿的时候集中精力玩儿好,很小的时候就懂得了"控制"和"界限"。因此,他学习效果事半功倍,5岁时就能赋诗作文,7岁时就能背诵《诗》《书》《礼》《易》《春秋》五经。

黄庭坚小时候就养成了良好的学习习惯。一天,他正在手握毛笔习练书法,这时,他的舅父李常信步从大门外走了进来,一看外甥正执笔苦练,甚是高兴。舅父出身书香世家,满腹经纶,是位高洁之士,由于外甥天赋好,又刻苦,因而对他很器重。他见外甥在院子的桑树下伏案习字,就想试试他的才学。抬头一看桑树，随即就以桑、蚕、茧、丝、锦之间的关系为题，吟出一顶真上联：

桑养蚕，蚕结茧，茧抽丝，丝织锦绣。

见舅父测试自己，黄庭坚非常兴奋，他瞅量着手中的毛笔马上计上心来，遂对曰：

草藏兔，兔生毫，毫扎笔，笔写文章。

舅父见外甥小小年纪就能对出如此难度的佳联，更是觉得他是可造之材，从此对他备加呵护，着意栽培，黄庭坚也进步得更快。北宋治平四年（1067年），黄庭坚22岁时考中进士。苏轼有一次看到他的诗文，以为超凡绝尘，卓然独立于千万诗文之上。

62 为母尽孝

黄庭坚的曾祖黄中理重孝行道，他主持制订了20条严厉的家规。《黄氏家规》从行孝、交友、从业、求学等方面对黄氏族人的行为举止进行了明确规定。《家规》中说："对待祖宗，犹如水木之源，不可忘也；对待父母，犹如天地之大，务以孝也。""读书乃诚身之本，显扬宗祖之要务，后生学子务必典籍精通、文章通晓。"这个《家规》不仅成为黄氏族人教育子孙的典范，也被社会上奉为"黄金家规"。

黄庭坚把《家规》视为珍宝，反复体味，认真践行。黄庭坚父亲黄庶饱读诗书，为人刚直，曾中进士，在康州任上积劳成疾，中年早逝。15岁时，黄庭坚跟随舅父李常到淮南一带游学，日夜牵挂着远在家乡的母亲。他在《初望淮山》诗中这样情真意切地写道："风裘雪帽别家林，紫燕黄鹂已夏深。三釜古人干禄意，一年慈母望归心。"

黄庭坚游历仕途，始终把母亲带在身边。父亲去世之后，母亲身体抱恙，经常卧床不起。黄庭坚虽然公务繁忙，却不辞劳苦，亲自照顾母亲的生活点滴。母亲服的中药很苦，他便先去品尝，然后再端给母亲服下。母亲喜欢喝茶，他就每天早上先清洗好茶杯，再为母亲沏好热茶。他坚持每天早上为母亲倒尿盆，并且用水把尿盆清洗干净，几十年如一日，从不间断。

对于这些，母亲看在心里，有些于心不忍，就劝阻儿子：男人要专心做大事，不要再做这些小事了。黄庭坚却说，堂堂男儿固然应该干大事，但他如果连侍奉母亲这点小事都做不好，那怎么能做为国效力、为民分忧的大事呢？

黄庭坚的做法也引起了同事们的好奇和不解，他们说："您身为高贵的朝廷命官，家里又有仆人，为什么要亲自来做这些杂细的事务，甚至还亲手做涮洗母亲便桶这样卑贱的事情呢？"黄庭坚说："孝顺父母是我的本分，同自己的身份地位没有任何关系，怎能让仆人去代劳呢？再说，孝敬父母是出自一个人至诚感恩的天性，又怎么会有高贵与卑贱之分呢？"

黄庭坚"涤亲溺器"的感人孝行被载入中国古代"二十四孝"之中，其诗赞曰："贵显闻天下，平生事孝亲。不辞常涤溺，焉用婢生嗔。"黄庭坚成为中华儿女敬亲行孝的典范。

63 四休居士

黄庭坚出身江南大族,有着良好的家风传承,这与很多注重钱财和权利的家族有着本质的不同。他们家族隐居乡间山水田园,祖祖辈辈辛勤劳动,刻苦读书。在这种耕读传家的优良传统下成长起来的黄庭坚,自幼接受了良好的教育。特别是在他的仕途生涯中,长期与广大农民接触,因而养成了俭朴节约、爱民如子的好品行。

黄庭坚为官清正廉明、刚正不阿。他任太和县(今属安徽)知县不久,就亲笔书写了孟昶《戒石铭》中"尔俸尔禄,民膏民脂。下民易虐,上天难欺"的十六字箴言,刻成石碑立于官衙门前,表达自己匡扶社稷、廉洁从政、敬民爱民的心志。

宋熙宁元年(1068年)黄庭坚远赴汝州叶县(今属河南)任县尉。第二年,当地发生了灾荒,灾情特别严重,这时河北也发生了强烈地震,难民纷纷跨省涌入叶县。黄庭坚心急如焚,积极组织救灾,亲自赈济灾民、安置百姓。还写下一首《流民叹》,感叹百姓生活之苦:

朔方频年无好雨,五种不入虚春秋。

迩来后土中夜震,有似巨鳌复戴三山游。

倾墙摧栋压老弱,冤声未定随洪流。

诗的字里行间流露出对灾民的巨大同情。我们可从诗中触摸到黄庭坚那颗亲民为民的仁爱之心,感受到他那将灾民视作自己亲人的真挚情感。

黄庭坚历来重视自身修养和家庭教育,在曾祖黄中理《黄氏家规》基础上,他写出一部《家诫》教育警示子孙后代:金银财宝会引起贪欲,使家人不和睦,甚至自相残害,导致家族衰亡。子孙后代一定要注重团结和睦,而团结和睦的基础和前提就是传承勤俭持家、淡泊名利的家风。他绝不刻意给后世子孙留下金钱和家产，并且写下"藏书万卷可教子，遗金满籯常作灾"的著名诗句谆谆告诫子女。

一晃儿，黄庭坚退休了。孔子曾说："里仁为美。择不处仁，焉得知？"这不，他还真摊了一个好邻居。有个退休的太医名叫孙君昉，退休不忘老本行，经常给四邻八乡的百姓看病送药，还不受酬谢不收钱，这让黄庭坚看着甚是舒服。德性、修养、情趣都相投的两个人，免不了就经常到一块儿聊聊。就有一点，让黄庭坚不解，这孙太医何以自称"四休居士"？带着疑问，这天一大早，黄庭坚就去登门拜访了。

"老兄，有什么资本能让您自称'四休居士'？"黄庭坚单刀直入。

孙君昉哈哈大笑起来："老弟，这里头的奥妙很简单。吃的方面，不要过于讲究，只要吃得饱，粗茶淡饭就可以了；穿的方面，破了就补一补，只要暖和，不觉得冷就可以了；家产方面，只要平平稳稳能过得去就算了；为人处事呢，既不贪图钱财，也不嫉妒人家，能平平安安活到老也就满足了。"

黄庭坚听后，深有同感："你这'四休'倒是安乐法啊！一个人的欲望不高，就不会危及家庭；一个知足的人，才能生活在极乐世界里。"

回到家里，黄庭坚夜不能寐，遂赋诗一首：

粗茶淡饭饱即休，

补破遮寒暖即休，

三平二满过即休，

不贪不妒老即休。

写罢，黄庭坚仰天大笑："你老孙自称'四休居士'，我老黄何尝不是'四休居士'？"

第十八章
朱熹家风：人要懂礼义，多读书

朱熹生于1130年，卒于1200年，南宋人，字元晦，别称紫阳先生，被尊称为朱子，祖籍江南东路徽州府婺源县（今属江西），出生于南剑州尤溪（今属福建）。中国古代著名哲学家、教育家、文学家，理学集大成者。主要著作有《四书章句集注》《近思录》《诗集传》等。朱熹晚年著有《朱子家训》，全文317字，文辞工整对仗，清新流畅，精辟阐明了个人在家庭和社会中应该承担的责任和义务，教育后世子孙"诗书不可不读，礼义不可不知"，形成了朱氏家族崇文好礼的优秀家风。

64

人生逆境苦作舟

"半亩方塘一鉴开,天光云影共徘徊。问渠那得清如许,为有源头活水来。"这是朱熹描写的自己曾经居住过的紫阳楼前半亩方塘的情景,它水波碧澄,荷花飘香。

紫阳楼坐落在今福建省武夷山市东南部的一座千年古镇——五夫,原名五夫里。这里却不是朱熹的原籍,他原本出生在南剑州尤溪。提起这座紫阳楼,就会勾起对朱熹那段伤心往事的回忆。

南宋绍兴十三年(1143年),朱熹14岁,父亲朱松不幸染病去世。父亲弥留之际把朱熹叫到跟前,有气无力地给他说:"父亲不能陪你了,可你一定要努力上进啊。我死以后,你就跟着母亲到五夫去找我的朋友刘子翚、刘子羽兄弟,你要把他们当作你的父亲,要像对我一样对待他们,好好向他们学习,接受他们的教育。"说完,眼角流出了泪花,然后闭上了双眼。

母亲、朱熹和妹妹,强忍着巨大的悲痛安葬了父亲,母子三人就上路了。一天,五夫里鹅卵石铺就的一条小巷里,一位中年妇女带着一男一女两个小孩,边走边瞅,像是在寻找着什么。此时,有一老妪走上前来,见娘儿三个面带愁色,想必定是有难,遂问:"娘儿三个来此有何贵干?"朱熹母亲谦恭行礼,随即答道:"我们娘儿三个家中遭难,前来拜访刘子翚、刘子羽二位先生。"老妪抱以同情,遂领其来到刘子翚家门口,叩开大门,刘子翚一见是朱松太太娘儿三人,大吃一惊,接着把他们迎进家门。这时,挨门的刘子羽也闻讯赶来。朱熹母亲一五一十述说了缘由,随后让朱熹向刘子翚、刘子羽弟兄二人跪地行了大礼,拜为老师。刘氏兄弟对挚友朱松的离世十分震惊和遗憾,表示一定极力相助,安慰朱松夫人不要过于悲伤,要挺起脊梁带着孩子走下去。他们安排朱熹母子三人暂住家中，第二年就为远道而来的朱熹母子专门修建了紫阳楼。

生活安顿下来以后，刘氏兄弟为朱熹家置备了几亩薄地，朱熹兄妹二人天天跟着母亲下地干活。虽然年龄小，可朱熹觉得没了父亲他就应该成为家里的顶梁柱。一来二去，还未成年的朱熹就成了种地的行家里手。从老师家里借来耕牛犁地，播种，施肥，锄草，收割，能不求人就不求人。原先老师家里的人们经常来地里帮忙，从不放手让他们娘仨单独管理农田。看着朱熹种地越来越成手，两位老师不禁喜上眉梢，啧啧称赞："真是穷人的孩子早当家！"

朱熹并没因为种地耽误了学业。老师安排的上课时间，他总是准时来到学堂；老师布置的学习任务，他总是完成得比其他学生更加出色。有一天，老师问他："你下地劳动影响了很多学习时间，为什么学业还会这么优秀？"朱熹回答说："先生，我有的是时间，我能晚睡，也能早起。下地劳动不是一种负担，它正好调节了我的学习生活，夜里睡觉总是睡得很香。"由于朱熹的刻苦和努力，他于宋高宗绍兴十八年（1148年）19岁时考中进士。经过长期的刻苦学习和研究，朱熹学问渊博，在先秦诸子、儒家思想、佛道思想、史学文学、天文地理、音韵训诂、典章乐律等方面都达到了世人难以超越的高度，成为继孔子、孟子之后影响最大的思想家、哲学家之一。

朱熹成年之后，依然保持着艰苦朴素的生活习惯。据《四朝闻见录》卷一记载，朱熹在武夷山讲学时，伙食就非常简单。平常让学生吃小米饭，没有菜，把茄子煮熟后用姜末和米醋拌着吃。朱熹并不开小灶，与学生一样吃。

有一次，朱熹到女婿黄榦家中做客。女儿朱兑家里贫穷，拿不出好东西招待父亲，只好端上来葱汤麦饭。女儿十分内疚，一脸窘色，感到对不起父亲。父亲看透了女儿的心思，不仅没有怪罪女儿，反而非常高兴，吃得格外香甜，还当场写了一首诗："葱汤麦饭两相宜，葱补丹田麦疗饥。莫道此中滋味薄，前村还有未炊时。"

朱熹的青少年时代，前路是黑暗的。但他不畏道路曲折，以苦为乐，披荆斩棘，人生逆境苦作舟，开辟出一片新天地。

65

易子而教

在南宋，朱熹从德行到学问都是最优秀的人。他开办学堂收徒讲学，很多人不远千里慕名而来，把孩子送到他的学堂求教，可他却把自己的儿子送到外面拜别人为师进行学习。对于这件事，朱熹身边的人，特别是他的弟子，全都大惑不解。

朱熹的长子叫朱塾，字受之，自幼聪颖。朱熹对其寄予厚望，从小也是尽力精心培育，但效果总是不能让他满意。针对这种情况，朱熹于南宋乾道九年（1173年）把儿子送到自己的老朋友、远在浙江的另一位大儒吕祖谦的丽泽书院去学习。临行前，朱熹连夜写下一封家书——《训子从学帖》，交给朱塾。

尽管把儿子送出去，但他还是放心不下，帖中的殷殷之情跃然纸上：每天听先生讲书和请教要与他人一样按常例进行，不得怠慢。有疑点要用小本子记录下来，等候向老师请教，不能放过。听到老师训诲，回到自己住处要思考其中最紧要的话，逐日记下，回来的时候带给我看。看到好的文章，也要抄下来带回。送出大门，朱熹还交代儿子，不能喝酒，交朋友要谨慎，不能在同学中搬弄是非等等。

儿子易地求学在朱熹的学生中引起了轩然大波，弟子们非常迷惑，是老师教得不好吗？

为了正确引导学生，朱熹确定就此问题召开一个师生讨论会。朱熹说，我把儿子送到外面去上学，到底有什么好处呢？今天就这个问题大家可以各抒己见。我先抛砖引玉。

把儿子送出去学习，我这是跟着孟子学来的，其实在孟子以前就有了这

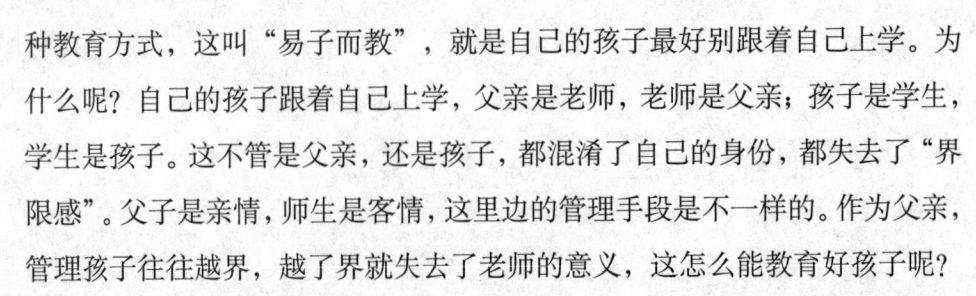

种教育方式，这叫"易子而教"，就是自己的孩子最好别跟着自己上学。为什么呢？自己的孩子跟着自己上学，父亲是老师，老师是父亲；孩子是学生，学生是孩子。这不管是父亲，还是孩子，都混淆了自己的身份，都失去了"界限感"。父子是亲情，师生是客情，这里边的管理手段是不一样的。作为父亲，管理孩子往往越界，越了界就失去了老师的意义，这怎么能教育好孩子呢？

大家听了，都面面相觑，觉得很有道理。

学生甲开口了。自己的孩子对自己家长的优点缺点、长处短处了如指掌，家长作为老师的身份要求孩子样样都得做好，可孩子抓住家长的短处说，你还没有做好，凭什么要求我做好？这就使家长的教育出现了短板。

学生乙随即跟上。古人云，棍头出孝子，箸头出忤逆。过分责罚与过分宠溺往往同时出在家长身上。因此，家长兼教师，必然会出现"亲情短板"，这就会使教育效果打折。

学生丙说，自己的孩子对自己家长的知识结构和知识体系已经耳濡目染，如果易子而教，也能给他带来耳目一新的另类知识。

大家争先恐后，七嘴八舌，让老师喜得合不拢嘴。朱熹说："这真是一堂别开生面的教育课。"

斗转星移，日月如梭。几年后，朱塾从丽泽书院学成归来，后历任淮西运使、湖南总领等职。

66 朱熹家训

在中国的众多家训当中，这个家训一定要读，一定要学，一定要照着去做，因为它最具哲理性，最具操作性。朱熹《朱子家训》只有短短317字，却道出了人之所以为人的基本道理和人生底线。现在，我们就一睹《朱子家训》的真面目。

君之所贵者，仁也。臣之所贵者，忠也。父之所贵者，慈也。子之所贵者，孝也。兄之所贵者，友也。弟之所贵者，恭也。夫之所贵者，和也。妇之所贵者，柔也。事师长贵乎礼也，交朋友贵乎信也。

见老者，敬之；见幼者，爱之。有德者，年虽下于我，我必尊之；不肖者，年虽高于我，我必远之。慎勿谈人之短，切莫矜己之长。仇者以义解之，怨者以直报之，随所遇而安之。人有小过，含容而忍之；人有大过，以理而谕之。勿以善小而不为，勿以恶小而为之。人有恶，则掩之；人有善，则扬之。

处世无私仇，治家无私法。勿损人而利己，勿妒贤而嫉能。勿称忿而报横逆，勿非礼而害物命。见不义之财勿取，遇合理之事则从。诗书不可不读，礼义不可不知。子孙不可不教，童仆不可不恤。斯文不可不敬，患难不可不扶。守我之分者，礼也；听我之命者，天也。人能如是，天必相之。此乃日用常行之道，若衣服之于身体，饮食之于口腹，不可一日无也，可不慎哉！

《朱子家训》寥寥数百字，却全面阐述了朱熹关于做人的基本准则，是朱熹治家、做人思想的高度浓缩。它重点倡导家庭和睦。家庭自古以来就是社会的基本细胞。营造一个温馨的家，创造和睦的家庭生活，无论是过去还是将来，都是人们追求的亘古不变的目标。首先，要求父母对子女要"慈"要"教"。父母在对子女倾注慈爱的同时，还要加强对孩子的管教。人在孩童时期,性情未定,可塑性大,这个阶段要严加管教。其次,要求子女对父母要"孝"。为报答父母的养育之恩,子女要真心实意地付出,还要事业有成,杜绝懒惰、赌博、斗殴等不孝的事情发生。三是要求夫妻和睦。夫妻关系是家庭的核心与基石。所谓"和",就是表现喜、怒、哀、乐时要理智,不走极端,心平气和。所谓"柔",就是保持内敛,柔顺温和。夫和妇柔,才能相敬如宾,白头偕老。四是要求兄弟之间要友爱。兄弟之间不能因为一些小事反目成仇,骨肉相残,大动干戈。连自己的同胞手足都不友爱,何况别人呢?这里指出了每个人在家庭中应尽的道德责任,明确了相应的角色义务,构建起一个彼此关怀、相亲相爱的理想家庭图景。与此同时,朱熹还注重人际和谐。他遵循天人合一理念,制订出一套为人处事之道,要求人与人之间、人与自然之间达到一种和谐统一。要达到上述目标,自身就要端正德行,修身养性。

为了把家训精神落实到每个家庭成员的行为规范上,朱熹率先垂范,身体力行。朱熹少年丧父,与母亲相依为命,他40岁时母亲不幸病故。在无以言状的悲痛中,他于母亲墓旁筑起一个"寒泉精舍"(又名方谷书院),在这里著书立说,讲学授徒,直到守墓三年期满。朱熹对妻子的情感也可谓感人至深。朱熹临终前,在奄奄一息之际还咬紧牙关,握笔为先于他去世的亡妻刘清四写下一篇表达他至死不忘夫妻情的《墓祭文》。

根据家训精神,朱熹特别敬重有德之人。辛弃疾比朱熹小10岁,可朱熹特别敬重他的为人,与他成为莫逆之交。甚至对一些与自己观点不同的人,朱熹同样与他们成为好朋友。陆九渊是"心学"的代表人物,两人的学术观点分歧很大,但这并没有妨碍他们之间的友谊。鹅湖之会后,朱熹与陆九渊的学术争论达到了顶点,可朱熹到江西恢复了白鹿洞书院后,立即把陆九渊请去讲学,还把他的讲课提纲亲自抄写出来刻在碑上,立在白鹿洞书院。朱熹的高风亮节得到了世人的称赞。

近千年已经过去,紫阳楼前的半亩方塘依然还是那么清澈,正堂的《朱子家训》依然还是那么光芒四射。

第十九章
王阳明家风：勤读书，早立志，学做人，做好人

王阳明生于1472年，卒于1529年，名守仁，字伯安，世称阳明先生，浙江余姚人，明代著名哲学家、思想家、教育家和军事家。王阳明是中国儒学发展史上一座伟大的里程碑。他以自己的真知灼见创造了"阳明心学"，将"知行合一""致良知"作为这一理论的核心。王阳明谥号文成，著有《王文成公全书》。该书收录了大量王阳明给兄弟、子女以及后世子孙的书信，字里行间融入了他对整个家族的谆谆教诲和殷切期望。王阳明家庭教育的核心是良知教育，主张"蒙以养正"，把勤读书、早立志、学做人、做好人作为家教的重中之重。

67 / 人要有强大的内心

当你的人生遇到了挫折,陷于泥潭不能自拔时;当你苦闷彷徨,始终找不到方向时;当你心态失衡,妒火中烧时,你应该想一想这个人——王阳明。他是中国历史上的一座灯塔,他的光芒足以烛照人心。

对"心"的探索,王阳明达到了空前的高度。他说:"胜负之决只在此心动与不动。"强大的内心,能够帮助一个人完成不可能完成的任务,去实现不可能实现的目标。当一个人处于一片黑暗之中,王阳明的"心学"就如同一把熊熊燃烧的火炬,散发着穿透力极强的光芒,为你照亮前行的路标。他告诫他的家人:我平生讲学,就是"致良知"三个字。仁,指的是人心;良知而引发诚意、真爱、悲痛、忧伤,这就是仁,没有诚爱恻怛之心的,也就达不到良知了。阳明心学的核心是"心即理,知行合一,致良知"。他认为,没有私欲恶念的心就是天理。"知行合一"的"知"指良知,"行"指实践活动。良知和实践活动不可分割,实践活动需要良知指导,良知只有通过实践活动才能得以实现。

王阳明并非天生内心强大。小时候,他既顽皮,又逆反,活像一匹脱缰的野马驹。在人生的旅途中,他进行了漫长的人生修炼。通过修炼,他变得越来越好,自己的内心越来越强大。这其中,离不开优秀的家教和淳正的家风的助力。他的父亲王华言传身教,发挥了重要作用。

父亲王华36岁考中状元。进入官场之后,始终洁身自好,保持操守,品行端正,铁骨铮铮,不媚上,不欺下。当时,宦官刘瑾专权。为了生存和发展,朝中大臣必须走他的门子,而王华却从不与他来往。刘瑾虽属奸佞之人,也想用一点德才兼备的官员,以提升他的门面,但前提还是要走他的门子。他曾两次派人去给王华传话，如果能去跟他见上一面，就提拔王华入阁当大官。可王华不为所动，他绝不趋炎附势，这给刘瑾带来好大的不快。有其父必有其子。后来王阳明也"不识时务"，得罪了刘瑾。刘瑾抓住把柄，当即把王阳明贬官，发往贵州龙场驿做驿丞，用今天的话说就是贵州龙场招待所所长。王华被迫辞去官职，告老还乡。父亲的美德影响着王阳明，王阳明在人生的挫折中也不断地修炼着自己的内心。王华的同榜进士黄珣称赞说，父子俩都是以一己之力为国担忧的读书人。

王阳明说，无论身处什么时候，无论外界有多少监督，没有人能替你看顾你的内心——除了你自己。心是身体和万物的主宰，当心灵安定下来，本身所具备的巨大智慧便会显露出来。王阳明一生坎坷，早年被刘瑾陷害，百死千难；壮年立下大功，却遭诬陷。但他仍保持着内心的强大，不以物喜，不以己悲。他为官一任，造福一方，无论官大官小都不懈努力，用他的心学影响教化当地群众。

今天，我们学习王阳明，就应当从他的心学中得到宝贵的启迪，用自己内心的强大走好自己的人生之路。

68

考不好不是丢人的事

王阳明的一生都在用心实践着他的心学。在一次又一次的挫折面前，在一次又一次的劫难面前，他一步一步地提高着自己的修养水平，一点一滴地强大着自己的内心。

明孝宗弘治九年（1496年），王阳明又去参加会试。会试之前，他踌躇满志，下足了功夫。可是，考试又一次失利，他再度名落孙山。张榜这天，学子们争先恐后来看榜。看后，很多与他一样没有考中的学子在发榜现场号啕大哭，可王阳明却平静似水，若无其事。周围的人们看了大惑不解，觉得他是因为伤心过度没了表情，因而纷纷过来安慰他。王阳明脸上掠过一丝微笑，淡然地说："你们都以落第为耻，我却以落第动心为耻。"别人是因为没有考中感到羞耻，他却是因为没有考中而伤心感到羞耻。可见，他的内心是多么的强大。这就是定力，有了定力，无论面对任何境遇都会淡定自若。

知耻而后勇。王阳明写下一首励志诗激励自己："丈夫落落掀天地，岂可束缚如穷囚。"男子汉就应该光明磊落，干一番惊天动地的大事业，而不能缩手缩脚，像囚徒一样度过一生。他是含着金钥匙出生的。他的父亲王华是礼部侍郎，但是，他并没有在官二代的温床上"躺赢"。他有一个远大的理想——当一个圣人。不过，这在当时的人看来完全是一个笑话。圣人，几千年来世人心目中只有三人，孔子、孟子和朱熹。他怎么可能呢？王阳明潜下心来，刻苦学习，学业大进，骑、射、兵法日益精通，终于明弘治十二年（1499年）考取进士。他攻读儒学、道学、佛学，创立心学，取得极高造诣，成为明朝著名的思想家、哲学家、文学家、军事家。

王阳明终于成为中国历史上毫无争议的立德、立功、立言三不朽的人，曾国藩、梁启超、伊藤博文、稻盛和夫等中外名人称他为心灵的导师。后世无数王阳明的追随者也都走出了自己的精彩人生，这是因为他们无一例外地掌握了解决问题的利器——阳明心学。

69 / 不能把人一棍子打死

古人说，人非圣贤，孰能无过？过而能改，善莫大焉。阳明心学认为，没有一无是处的人，只有自暴自弃的心。

王阳明在庐陵担任县令时，抓到一个在社会上经常偷东西的盗贼。这个盗贼因为是个惯犯，过去就是抓了放，放了再抓。人们都说，这人已经失去了羞耻心，所以才会破罐子破摔。

王阳明不相信人会最终丢弃羞耻心，因此亲自升堂审问。他开始循循善诱，意欲开启他的心智。可是盗贼还是摆出一副死猪不怕开水烫的架势，一再挑衅王阳明："县官大老爷，别废话了，生杀大权在你手里，要杀要剐你看着办吧。"

盗贼完全不懂王阳明的内心，不是你刺激一下人家就会发怒的。王阳明心平气和，不温不火，他说："那好，今天就不审了。"

盗贼不知县官大人葫芦里卖的什么药，反而心里犯起了嘀咕。过了一会儿，王阳明说："今天天气真热，要不你把外边的衣服脱了，凉快凉快。"

盗贼一听，乐了。心想，这大老爷还真不错，理解人。然后说："脱就脱。"接着把外衣脱了。

过了一会儿，王阳明又说："今天的天气实在是热，要不也把里边的衣服脱了吧。"

盗贼不以为然，光膀子对于我们这等人那还不是稀松平常的事，有什么大不了的。哧溜一下，就把上衣脱光了。

又过了一会儿，王阳明说："反正膀子都光了，还不干脆把裤子也脱了，一丝不挂岂不更自在？"

一听大老爷叫脱裤子，盗贼扑哧笑了起来，慌忙摆了摆手，说："大老爷，别开玩笑了，不好意思，不好意思，不能脱。"

王阳明顺水推舟，故作姿态，说："你看，这有何不方便？你死都不怕，还在乎这一条裤子吗？"稍作停顿，王阳明语重心长地说："看来你还是有羞耻之心啊，嗯，你的良知还在，你并非一无是处呀！"

盗贼心里顿时一片翻江倒海，回忆起伤心的往事，不禁哇的一声哭了起来。他从小就没了父亲，母亲一人把他拉扯起来，抚养成人。由于没有接受良好的家庭教育，就养成了游手好闲的坏习气。看着母亲一天天老去，他也有心让母亲享享清福，过上几天好日子，可是又不勤劳务实，只想着通过偷摸拿拾捞点外快孝顺母亲，这才到了今天这个地步。

王阳明一看自己的一番教化起了作用，就对他说："起来吧。看在你还有一片孝心，这次就饶恕了你。回去之后，要死心塌地地过日子，只要肯下力，就能过上好日子。"

世上总有人觉得自己一无是处，从而自暴自弃，破罐子破摔。王阳明则告诉我们，没有任何一个人是一无是处的，每个人身上都有珍贵的品质和美好的东西。因此，人一定要坚信自己的价值。只要有了自信，才能扬起自己生活的风帆。

世上也总有人感叹人心险恶，可王阳明告诉我们，即使是罪恶滔天的罪犯，心中也有良知。明白了这一点，才能懂得人在走入误区时最需要的不是惩罚，而是感化。知道别人有良知，对他就不该一棍子打死；只要自己有良知，就不会一棍子打死自己。

第二十章
袁了凡家风：行善积德，有错就改

袁了凡生于1533年，卒于1606年，名袁黄，字坤仪，号了凡，祖籍嘉善（今属浙江），迁居吴江（今属江苏苏州），明代著名思想家，曾任宝坻（今属天津）知县。他廉洁勤政，关爱民众，政绩卓著，著有《了凡四训》《评注八代文宗》《宝坻政书》等。袁了凡深受母亲李氏忠厚仁慈、宽容忍让优秀家风家教的影响，以其一生经历著就《了凡四训》。这是一部具有劝善性质的家训著作，包括《立命之学》《改过之法》《积善之方》《谦德之效》四篇，故称"了凡四训"。《了凡四训》集中凸显出以"行善积德，勇于改过"为主旨的袁氏家风。

70
不要相信命运，奋争就有未来

相信每个人的一生都不会在顺风顺水中度过。有的可能失去父母，致使家庭不健全；有的可能身患疾病，带来生活上的不便；有的可能家庭经济条件不好，生活拮据；有的可能天赋不好，学习起来不如人家得心应手；等等。但是，你相信命运吗？对此，袁了凡给出了明确答案：不要相信命运，只有加倍努力、敢于抗争，才能到达成功的彼岸。

袁了凡年轻时，一个算命先生曾经给他算过一卦，说他一生没有儿子，活不到53岁，这使他遭到重大打击。可是，袁了凡从小受到了良好的家庭教育。父亲袁仁对于儒学有着很高的造诣，他与大学者王阳明、王艮、王畿是至交，与唐伯虎是知己。袁仁不仅博学，而且善于教育，对袁了凡早年的影响极大。他教育儿子说："士之品有三，志于道德者为上，志于功名者次之，志于富贵者为下。"作为一个士人，他的品质可分为三个层级，把追求道德作为志向的为第一等，把追求功名作为志向的是第二等，把追求富贵作为志向的是第三等。这种良好的家庭教育，为袁了凡健康思想的形成播下了最初的种子。

袁了凡思想的真正转变，是隆庆三年（1569年）在栖霞山中拜访了佛门高僧云谷禅师之后发生的。云谷禅师告诫他，不要相信传统的宿命观，要学会自己掌握自己的命运，先天的命运可由后天的努力加以改变，要以积极的道德行为求得立命之道。

袁了凡在《了凡四训》中告诉人们，他的字号原来并不叫"了凡"，而是叫"学海"。听到云谷禅师的高见，他终于懂得了自己能够掌握自己的命运，不甘再做凡夫俗子，要了却凡夫俗子的思想观念和庸俗见解，因此，把字号由"学海"改为"了凡"。

从这一刻起,袁了凡振作起精神,发奋读书,用心做事,力争改变命运。袁了凡14岁时,父亲患病去世,这给他的家庭带来灾难。为了养家糊口,母亲让他由学文改为习医。可是,袁了凡却有着更远大的理想,他想做更大的事业。于是,他按照自己的设想,转而弃医学文。他以抓铁留痕的精神,刻苦攻读诗书,终于于明万历十四年(1586年)得中进士。万历十六年,他奉命赴宝坻任知县。当时,正值大涝,百姓流离失所,可宝坻赋税却"倍于他县,历年积欠粮赋万石"。袁了凡带头捐献俸禄抵偿赋税,救助困苦民众,并上书朝廷请求减免赋税、劳役等,让宝坻百姓得到喘息之机。荒年煮粥赈济穷人,袁了凡含泪向煮粥人行礼,恳求他们务必把米中沙子挑出去,粥里不要兑冷水。老百姓夸奖他是"宝坻自金代建县800年来最受人称道的好县令"。

由于自身的努力和抗争,袁了凡的人生轨迹发生了重大逆转,不仅后来有了儿子袁天启,而且在他53岁那年无病无灾,身体健康,一直活到74岁。他一生勤奋,共计著书22部,198卷。袁了凡的《了凡四训》把中国传统文化中最重要的道德价值融入其中,为净化人性、敦化世风提供了宝贵的精神资源。《了凡四训》就像一面辨别善恶的镜子,指导着我们去正确地做人做事。

71

慈母遗风

俗话说，一代无好妻，三代无好子。这是说，一位贤淑的母亲，对于子女的成才多么重要。现在，我们就通过袁氏家训近距离地去体味一下袁了凡母亲的慈母遗风。

在中国的历史上，有一篇既独特又别开生面的家训，这就是明代的《庭帏杂录》。这篇家训，由袁仁的5个儿子分别撰写，每人一章，组合而成。家训采用回忆的方式，主要记述袁仁夫人李氏循循善诱、言传身教的既深刻又精彩的育人故事，从而让我们有幸接触到这样一位伟大的中国女性。

李氏是袁仁的继室。袁仁的原配夫人是王氏。王氏与袁仁生了两个儿子，长子袁衷，次子袁襄。袁仁38岁时，妻子王氏因病去世。这时，袁仁又续娶李氏为妻。李氏嫁到袁家，又先后生下袁裳、袁黄（即袁了凡）、袁衮三个儿子，还育有三个女儿。袁了凡14岁时父亲去世，他的兄弟姊妹有的还没成年，家庭生活及教育子女的重任就落到了李氏身上。

李氏具有非凡高尚的人格，她同样爱着她的非亲生子女。她是一个标准的贤妻良母，相夫教子，勤俭持家，体恤亲邻，宽以待人。都说"晚娘"难当，可她当得比谁都好。她对袁仁前妻王氏所生的两个儿子袁衷、袁襄视如己出，对他们的要求比亲生儿子更严，对他们的关心照顾比亲生儿子更多。一次，丈夫袁仁让几个孩子作诗，结果三子袁裳最先作完，父亲看后啧啧称赞。这时，正好亲戚送来一块葛布，父亲就让裁缝做了一件新衣奖励袁裳。袁裳刚穿上新衣，母亲就看到了。她叫来袁裳，严肃地对他说："两个哥哥没有新衣服，你为何就能先于他们得到？况且，因为这几行文字就急于享受这上等的衣服，那把两个哥哥往哪里摆？"说罢，把袁裳的新衣服脱下来，自己连忙去给袁衷、袁襄做了两件相同的衣服，然后再拿出原来的那件，让三个儿子同时穿上葛布新衣。二儿子袁襄感动地说："我的母亲爱我们弟兄两个，已经超过了爱自己亲生的孩子。"

李氏不仅关心前妻孩子的生活，更重视对他们精神的培养。为了使他们弟兄两个不忘亲生母亲的生育之恩，李氏居然每天都亲自带领两个不懂事的孩子虔诚地祭奠他们的生母。长子袁衷在《庭帏杂录》中深情地回忆，有时候，父亲外出，母亲率我二人向生母躬行奠礼，并含着眼泪教导我们："你们的母亲不幸早逝，你们没有赡养母亲，唯一所能尽当儿子的孝心的不过是在这里祭祀罢了。"其实，生母去世时，他俩才是四五岁的孩子，不太记事，他们并不清楚自己不是亲生的，一般的后母都希望非亲生的孩子淡忘自己的生母，可李氏反倒这样做，足见她的心胸是多么的博大。

李氏用自己仁慈的心，教育孩子做宽厚的人。李氏的仁慈让他的孩子们十分感动。袁襄曾说："吾母爱吾兄弟逾于己出"，他的妻子哭着对他说："即亲生之母，何以逾此。"以心换心，前妻的两个儿子、儿媳对李氏也极为孝顺，媳妇从娘家拿来点好吃的东西，也都是先送给母亲吃。袁家门前有一条河。一次，儿媳在河里的浅滩上抓到一条鳜鱼，亲自下厨烧成美味，让仆人胡松给婆婆送去。过了一会儿，媳妇去见婆婆，问鱼的口味怎样，母亲先是一愣，旋即又说好吃。媳妇怀疑，就去问仆人胡松，果然胡松承认自己偷吃了。核实后，媳妇就来问婆婆，没吃何以说吃了？婆婆说，你问我胡松送过鳜鱼没有，我一定会说他送了。我如果说没吃鱼，你就会认为是胡松偷吃了。我是不想因为吃这点东西，把胡松的过错给掀出来。一席话，媳妇对婆婆的宽容感动得五体投地。

李氏的高风亮节，还表现在她对世人的宽容和忍让。袁家的邻居是沈家，他们两家过去有点纠葛，沈家一直耿耿于怀。袁家有棵桃树，树枝伸到墙外的沈家，沈家就把它锯掉了。后来，沈家枣树的一支树枝又伸到了袁家墙内，并且还结满了枣。李氏既不让把枣树枝砍掉，也不让孩子们吃一颗枣。枣子成熟后，李氏让沈家来人悉数摘走。一次，沈家人生了病，李氏让身为医生的丈夫去给看病，拿去药物也不收钱，李氏又给沈家送去一石米。李氏的宽容大度，化解了两家几代人之间的矛盾和仇恨，后来两家还结成了姻亲。

李氏教育孩子注重从点滴做起。古人云，涓涓不壅，终成江河；毫末不札，将寻斧柯。李氏认为，对于孩子的培养塑造，必须从小处着眼，从小事着手。袁衷说母亲对他们"坐立言笑，必教以正，吾辈幼而知礼。"袁衮回忆，小时候有一次，家僮阿多送他和哥哥上学，回来时，见路边的蚕豆刚熟，就摘了一些。母亲见了，严肃地教育他们说："农家辛苦耕种，就靠这些作为口粮，你们怎么能私摘人家的蚕豆呢？"说完，让家里人送给那户农家一升米作为赔偿。

李氏以身立范，以身立教，形成了中国古代独树一帜的袁氏家风，她也成为中国女性传统美德的化身。

第二十一章
朱柏庐家风：一粥一饭当思来处不易

朱柏庐生于1617年，卒于1688年，名用纯，字致一，号柏庐，明末清初江苏昆山人。著名理学家、教育家。明代诸生，进入清朝后隐居乡里，教授学生，潜心治学。著有《治家格言》《愧讷集》《大学中庸讲义》等。为教育子女勤俭持家、安分守己，朱柏庐编著了500余字的《治家格言》。格言字句工整对仗、合辙押韵，读来朗朗上口，一经问世，流传甚广，被誉为"治家之经"。一篇《治家格言》彰显出"勤俭""安分"的朱氏家风。

72 "柏庐"的来历

一粥一饭,当思来处不易;半丝半缕,恒念物力维艰。

见富贵而生谄容者,最可耻;见贫穷而作骄态者,贱莫甚。

这些朗朗上口的格言警句出自一篇三百多年前的《治家格言》,人们俗称"朱子家训"。作者朱用纯把祖先们的清节门风和自己处世为人的智慧凝聚成 500 字的家训,一直流传至今,清代至民国期间更曾是童蒙必学读物之一。

朱用纯的《治家格言》也凝结着自己一生的不幸和郁悒。朱用纯出生在一个书香世家,他的上 10 代先祖均为仁人君子和乡里仪表。朱用纯的父亲朱集璜生活的年代是明朝末年。就在朱用纯出生的这一年,公元 1627 年,明熹宗驾崩,崇祯皇帝登基,明朝已是夕阳晚照。朱集璜注重修身养性,道德品质端正,备受乡里尊重。朱用纯自幼就在父亲的言传身教下成长。

父亲的孝行对他影响至深。朱集璜讲究孝道,直接受到自己父亲朱家佐的影响。朱家佐的生母去世很早,但他对继母夏太夫人非常孝顺。朱家佐不幸中年早逝,临去世前,把儿子朱集璜叫到跟前,说:"一定好好奉养祖母,送她终老。"朱集璜尊奉父命,恭敬服侍祖母,二十年如一日,让老人安享晚年。他的孝行得到了乡民的爱戴。小小年纪的朱用纯也看在眼里,记在心里。

父亲的节义更是震撼着他的心灵。朱集璜学习刻苦,才学出众,为人清介,平易近人,一生教书育人,弟子数百人。朱集璜曾在常州一户徐姓人家教私塾,四五岁的朱用纯就跟着父亲学习朱熹的《小学》。在父亲的悉心教导下,他 16 岁就考中秀才。1644 年,传来清军入关的消息,这时候的明朝大势已去。1645 年,清兵打到了昆山,朱集璜组织他的学生和乡民抵抗清军。

七月初六，朱集璜兵败昆山，投河殉国，门人孙道民等不屈而死者五十多人。此事，18岁的朱用纯历历在目。

覆巢之下，岂有完卵？国破家亡，丧乱及身。父亲殉难之后，弟弟用白、用锦年龄尚小，四弟从商遗腹未生。悲愤、艰难一股脑儿压在朱用纯身上。无尽的悲痛中，他想起了三国时期的王裒。曹魏灭亡之际，王裒父亲被害去世，他在父亲墓前结庐守墓，常在柏树前哀号哭泣。晋朝建立后，他不为其服务，隐居终生。朱用纯效仿王裒，在父亲墓前搭建草庐而居，攀扶柏树悲号，并立字号"柏庐"以自励。

朱柏庐深居简出，奉侍母亲，抚育弟弟妹妹，潜心治学，一生以教书为业，做出了不平凡的事业。清康熙十八年（1679年），朱柏庐被举荐为博学鸿儒科，这是能够入选翰林院工作的，可被他坚决辞去。此后，地方官又举荐他为乡饮大宾，也被他婉拒。

第二十二章
张英家风：做人，礼让；做官，廉俭

张英生于1637年，卒于1708年，字敦复，号乐圃，安徽桐城人。清朝康熙六年（1667年）进士，官至文华殿大学士兼礼部尚书，与其子张廷玉同被誉为"父子宰相"。张英曾撰写家训《聪训斋语》，从"立品、读书、修身、择友"等方面告诫子孙为人要善良，恭谦礼让；为官要清廉，不受非分之财。张英的《聪训斋语》与其子张廷玉的《澄怀园语》，形成家训双璧，共同凝聚为"廉俭""礼让"的张氏家风。

73 让墙

自打周朝周公制礼作乐，创立礼乐文明以来，以"礼乐"为核心的中华文明即逐渐成型。礼的核心内涵是敬，而表现形式则是让。一个人只有懂得了礼，才能够做到自卑而尊人。周朝的伟大，在于它是教人千年规矩的时代。中国人沿着这条轨迹走了两千多年，到了清朝，"让墙"事件又成为"礼让"的新注解。

"让墙"事件的主人公是张英。张英家是安徽桐城。桐城人重视农耕，看重课读，有着"穷不丢书""耕读传家"的乡情民风。浓郁的书香氛围催生出恢宏的文化景象，出现了影响清代文坛两百余年的"桐城派"，涌现出张、姚、马、左、方等显赫文化世家。而这其中的"张"，就是张英家族。康熙六年（1667年），张英考中了进士，接着进入翰林院担任编修，而后升任翰林院学士兼任礼部侍郎。康熙十六年，清廷成立南书房，把张英分配到这里工作。康熙对张英青睐有加，特许他住进皇宫。作为汉族官员，衣食住行都在皇宫中，张英是第一人。这时，康熙还安排张英担任了皇太子的老师。康熙三十八年，张英升任文华殿大学士兼礼部尚书，一人之下，万人之上，张英的地位可想而知。

但是，张英品质端正，为人忠厚，工作勤谨，作风廉俭，从不刻意讨好皇帝，康熙称赞他"有古大臣风"。他传承祖辈教诲，以其亲身经历和切身体会，著就了一部教育子孙后代如何立身做人、持家治国的家训——《聪训斋语》，其中说："予之立训，更无多言，止有四语：读书者不贱，守田者不饥，积德者不倾，择交者不败。"张英十分推崇为人礼让，他说："古人有言，'终身让路，不失尺寸'"。

张英在担任文华殿大学士兼礼部尚书期间，他的桐城老家家人与邻居吴家发生了一起宅基地纠纷，由于张英的干预，两家化干戈为玉帛，成就了一段"六尺巷"的历史佳话。张英老家与吴家为邻，宅院外边有一块空地。吴家扩建宅院时，越界占用了这块空地，引起了两家的纷争。官司打到了当地县衙，因为两家都是名门望族，县官不敢轻易定夺。张家人抓紧修书一封，寄给在京城为官的张英，想让他帮助解决。张英一生崇尚礼让，岂能容家人非礼？他随即在原信上批诗一首寄回，诗云："一纸书来只为墙，让他三尺又何妨？长城万里今犹在，不见当年秦始皇。"家人接到回信，仔细品味此诗，对张英用意明白无误，遂在空地上退让三尺。邻居吴家看到张家的义举深受感动，接着也退让三尺。一场尖锐的地界纠纷就在互谅互让中消弭。从此，桐城就有了这条六尺巷。

　　"让墙"，实际上是中国民间发生的普通得不能再普通的生活琐事。可是，它反映出的却是我们民族的优秀品德——礼让精神。退一步海阔天空。在当今社会，汲取中华民族伟大的礼让精神，对每个人都会有深刻的教益。

第二十三章
刘墉家风：诗书传家，清正廉洁

　　刘墉生于1719年，卒于1804年，字崇如，号石庵，山东诸城人。乾隆十六年（1751年）进士，清代政治家、书法家。历任四库全书馆副总裁、安徽学政、江苏学政、湖南巡抚等职。乾隆四十七年任吏部尚书。诸城刘氏家族兴旺发达，与其重视文化传承密不可分。从康熙至嘉庆年间，刘家有14人做过知县以上官员，族人为官者多在浑浊的官场中保持着一股清廉公正之风。刘墉之父刘统勋久居相位，一生清贫；刘墉历来俭朴，洁身如玉。诸城刘氏形成了"诗书传家，清正廉洁"的美好家风，深受百姓爱戴。

74

一身正气,刚正不阿

提到刘墉,电视剧《宰相刘罗锅》的主题曲就在耳畔响起——"天地之间有杆秤,那秤砣是老百姓。秤杆子哟挑江山,你就是那定盘的星。"

这故事里的主人公刘墉,到底是不是罗锅,历史上还真没记载,更没有人考证。我想,十有八九是编剧为了让故事既好听又好看,给人家刘墉硬安上了个"罗锅"。"罗锅"不是真的,而刘墉一身正气两袖清风却是真的。

刘氏家族一以贯之地对其家人灌输"一曰德行,二曰学问,三曰功业"的治家理念,使其族人为官者虽在浑浊的官场中摸爬滚打,但却头脑清醒,始终保持着刚正和清廉的气节。刘统勋的先人刘榮身为四品官,母亲去世后,他竟然没有盘缠回家奔丧。回到家后,变卖了家里的田产,才料理了母亲的丧事。刘统勋很长时间位极人臣,却从来不置办一点田产。他自己手里没钱,好朋友赠给一点儿银两,他却转手又去周济贫困的乡亲。到了刘墉,他的刚正和清廉比之父祖更是有过之而无不及。

刘墉所处的时代虽说是康乾盛世,可那只不过是表面上的繁华,朝廷内里的龌龊局面外人不得而知。刘墉毫不畏惧,与之抗争,反对腐败,廉洁为民,谱写出壮丽篇章。乾隆四十七年(1782年),刘墉任吏部尚书。这时,御史钱沣参奏山东巡抚国泰横征暴敛、贪赃枉法、结党营私,引起朝野震动,乾隆指定刘墉查办审理此案。可这国泰并非寻常之人,他是乾隆皇妃的伯父,是乾隆重臣、文华殿大学士和珅的心腹,党羽众多,势力庞大,朝中官员谁敢得罪于他?乾隆派刘墉、和珅及钱沣一同前往山东调查此案。可这人还没到达山东地界,和珅就先派人疾驰山东给国泰通风报信。到了山东后,和珅寸步不离,紧密监视刘墉的活动,不断制造麻烦。刘墉想方设法避开和珅,

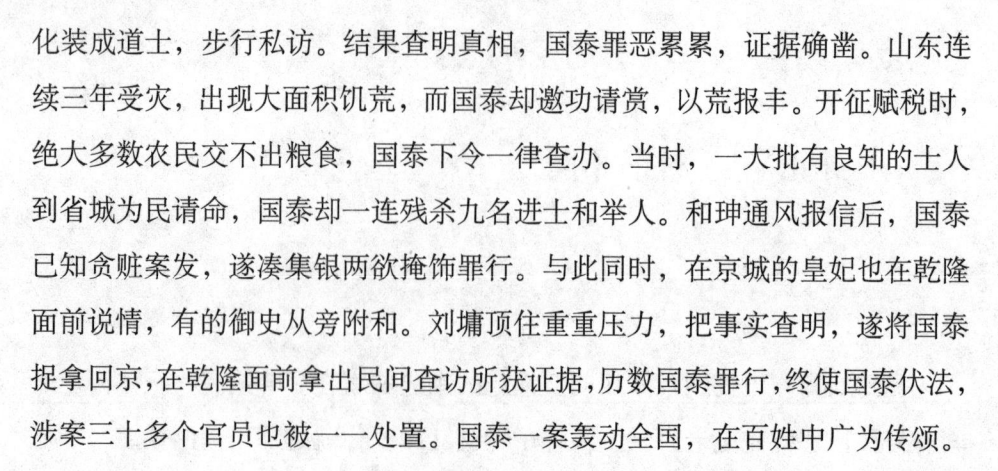

化装成道士，步行私访。结果查明真相，国泰罪恶累累，证据确凿。山东连续三年受灾，出现大面积饥荒，而国泰却邀功请赏，以荒报丰。开征赋税时，绝大多数农民交不出粮食，国泰下令一律查办。当时，一大批有良知的士人到省城为民请命，国泰却一连残杀九名进士和举人。和珅通风报信后，国泰已知贪赃案发，遂凑集银两欲掩饰罪行。与此同时，在京城的皇妃也在乾隆面前说情，有的御史从旁附和。刘墉顶住重重压力，把事实查明，遂将国泰捉拿回京，在乾隆面前拿出民间查访所获证据，历数国泰罪行，终使国泰伏法，涉案三十多个官员也被一一处置。国泰一案轰动全国，在百姓中广为传颂。

嘉庆二年（1797年），乾隆皇帝已经驾崩，和珅身上的光环不再。那时候，天下人都知道和珅家里的银子要比国库里多。嘉庆皇帝更对和珅结党营私、勒索纳贿的罪行了如指掌，因此颁旨让刘墉查办。刘墉不畏权势，立即查明和珅及其党羽横征暴敛、搜刮民脂、贪污自肥等罪二十条，回奏朝廷。嘉庆皇帝处死和珅，没收其白银二亿三千万两，终于消除了清朝的一个毒瘤。

刘墉一生廉洁奉公，衣着俭朴，居住简陋，不贪国家一分银两、一件器物。嘉庆九年十二月二十五日，刘墉在北京逝世，享年86岁，谥"文清"。

第二十四章
梁启超家风：我们基因里就俩字——爱国

梁启超生于1873年，卒于1929年，字卓如，一字任甫，号任公，广东新会人，中国近代著名思想家、文学家，戊戌维新运动领袖之一。著有《清代学术概论》《中国近三百年学术史》等，合编为《饮冰室合集》。1910年至1928年期间，梁启超先后把自己的子女思成、思永、思忠、思庄送往国外学习，此间给子女写下400余封家书，对其为人、治学、立业等给予针对性指导，从而塑造孩子们的爱国情怀，形成了以"爱国"为主基调的梁启超家风。梁启超既是孩子们的慈父，也成为他们的导师和密友。

75 为父就学梁启超

为父就学梁启超！为什么？《三字经》上说："养不教，父之过。""一门三院士，九子皆才俊。"九个子女，人人成才，各有所长，这都是梁启超呕心沥血、点点滴滴培育的结果。梁启超堪称做父亲的表率。

梁启超是清未维新运动领袖之一，他一生忠贞爱国，以变法强国为己任。他说："人必真有爱国心，然后方可以用大事。"1900年，戊戌变法失败不久，八国联军入侵中国，中华民族危机空前严重。梁启超被迫逃亡日本，在那里写下了他的名篇《少年中国说》："少年智则国智，少年富则国富，少年强则国强……"即使颠沛流离，他依然忧国忧民。"饮冰十年，难凉热血。"退出政坛后的梁启超隐居天津，著书立说，潜心思考中国社会走向，家国情怀跃然纸上。正是这样一种爱国心，以一种特殊的方式传递给远在异国他乡的孩子们，从而让他们在骨子里注入爱国的基因。1898年至1928年，梁启超共给子女们写了400多封家书。梁氏家族没有成文的家规家训，梁启超用自己的言传身教，将一生不变的赤子之心和家国情怀，融入了梁氏后人的血脉。

1919年12月2日他致长女思顺书："总要在社会上常常尽力，才不愧为我之爱儿。人生在世，常要思报社会之恩。"

1927年1月27日他致孩子们书："国家生命民族生命总是永久的（比个人长的），我们总是做我们责任内的事，成效如何，自己能否看见，都不必管。"

1927年2月16日他致孩子们书："莫问收获，但问耕耘……尽自己能力做去，做到哪里是哪里，如此则可以无人而不自得，而于社会亦总有多少贡献。"

1927年5月26日他致孩子们书："毕业后回来替祖国服务，是人人共有的道德责任。"

梁启超的9个子女，个个成才，各有所长。长女梁思顺，诗词研究专家；长子梁思成，著名建筑学家；三子梁思忠，美国西点军校毕业，参与淞沪抗战；次女梁思庄，著名图书馆学家，曾任北大图书馆副馆长；四子梁思达，经济学家；三女梁思懿，著名社会活动家；四女梁思宁，就读南开大学，后奔赴新四军参加革命；五子梁思礼，火箭控制系统专家，中科院院士。

当今的父母们，如果孩子留学国外，学有所成，大多会使其进入西方主流社会，享受荣华富贵。梁启超却不同，他的9个子女，7个留学国外，学贯中西，成为各自领域的专家，完全有条件留在外国，享受优厚的物质待遇。但是，他们无一人留居国外，全都学成后即刻回国，与祖国共忧患。

梁思成和妻子林徽因在美国学习建筑。回国后，美国的大学和科研机构都极力聘请他们去美国工作，却被断然拒绝，他们说："我们的祖国正在危难中，我们不能离开她，哪怕是暂时的。"在那个兵荒马乱的年代，交通十分不便，梁思成、林徽因夫妇利用十几年的时间，跑遍中国15个省、200多个县，实地考察测绘了大量的中国古建筑，撰写了中国古代建筑理论的奠基之作《中国建筑史》。

梁思礼在美国辛辛那提大学攻读自动控制专业。1949年9月24日，刚刚获得博士学位的他，立即从旧金山港乘船回国，参与新中国的建设。经过一个月的长途颠簸，轮船停靠天津码头。白发苍苍的老母亲亲自去迎接学成归国的儿子。一次，谈起父亲对自己的影响，梁思礼说："我父亲传给我，或者我的基因里头最重要的是两个字'爱国'。我父亲生前希望他子女里面有人搞科学技术，后来我干了科学技术。我们应该有志气，要使中国强大起来，我们是干'两弹'的，就是为了国家的强盛。"

在中华文明的价值谱系中，家国情怀始终是最亮丽的底色。常怀爱民之心，常思兴国之道，常念复兴之志，这就是对梁启超以及他的子女们家国情怀的生动写照！

76

培养孩子的"三不"能力

学习梁启超的家书，你如果奔着他的子女"一门三院士"的头衔那就错了。在400多封家书中，梁启超很少要求子女们学业有成，注重的是他们人格上的成长，最重要的就是培养孩子们的"三不"能力。

提到"三不"，还得从儒家思想的"三达德"说起。孔子说："知、仁、勇，三者天下之达德也。""智""仁""勇"是三种任何时代都通达不变的人类最基本的美德。梁启超说："人类心理有知、情、意三部分，这三部分圆满发达的状态，我们先哲名之为三达德——智、仁、勇。为什么叫做'达德'呢？因为这三件事是人类普通的道德标准，总要三件具备才能成一个人。三件的完成状态怎么样呢？孔子说：'知者不惑，仁者不忧，勇者不惧。'"有智慧的人能把事理看得明白透彻，所以不会迷惑；仁者不患得患失，所以不会忧虑；有勇气的人不害怕困难，所以不会畏惧。因此，梁启超认为，教育应分为知育、情育、意育三个方面。知育要教人不惑，情育要教人不忧，意育要教人不惧。梁启超的教育理念，说到底，就是要养成每个孩子不惑、不忧、不惧的"三不"能力。

梁启超既是一个开明的父亲，更是一个高明的教育家。他在性情、品格、眼界、胸怀等诸多方面都高人一等。他的家风家教，从大处着眼，从小处着手，没有训斥，没有强求，有的全是浓浓真情，平等交流，因此收到的就是事半功倍的教育效果。

注重情感交流，与子女们做朋友。他写给孩子们的每一封信，都娓娓道来，掏心掏肺，透着坦诚、亲切、平和、真挚和暖意。各种人生道理就是这样在"润物细无声"中潜移默化地被孩子们接受了。在那个封建社会还没有见底，新社会的曙光还没见端倪的时代背景下，一般家长都是威严的，可梁启超给孩子们的信件中却是称他们为"宝贝"。他在写给孩子们的信中反映出的，是对他们发自肺腑的爱，自然纯真的爱。他说："你们须知你爹爹是最富于情感的人，对于你们的爱，十二分热烈。"这是一种博大的爱、包容的爱。这种爱不仅惠及九个子女，也无私地给予女婿和儿媳。1928年，梁思成与林徽因结婚后，去欧洲度蜜月。他们浪漫而温馨地旅游，还考察了欧洲的经典建筑，体会到了建筑艺术的博大精深。这时，梁启超就写信指导他们写游记："能做成一部审美的游记也算得中国空前的著述。况且你们是蜜月快游，可以把许多温馨芳洁的爱感，迸溢在字里行间，用点心去做，可为极有价值的作品。"他时常想念孩子，深情地说："我晚上在院子里徘徊，对着月亮想你们，也在这里唱起来，你们听见没有？"他与他们谈学习、交友、恋爱、生活、政事等等，没有一点儿家长作风。

莫问收获，但问耕耘。与当今家长出人头地的教育理念相反，梁启超教育子女要做好当下，不要在学习阶段就谋划未来，不能只想着回报、酬劳，只要耕耘好自己当前的一片天地，日后自然会有好的结果。他在1927年给子女们的信中说："至于将来能否大成，大成到什么程度，当然还是以天才为之分限。我平生最服膺曾文正两句话'莫问收获，但问耕耘。'将来成就如何，现在想它作甚？着急它作甚？一面不可骄盈自满，一面又不可怯弱自馁，尽自己能力做去，做到哪里是哪里，如此则可以无入而不自得，而于社会亦总有多少贡献。我一生学问得力专在此一点，我盼望你们都能应用我这点精神。"

绝不责备功课差。女儿梁思庄刚到国外学习，成绩跟不上，梁启超在给她的信中写道："至于未能立进大学，这有什么要紧，求学问不是求文凭，总要把墙基越筑得厚越好。"然后梁启超又给长女梁思顺写信，让她做好妹妹的工作："庄庄今年考试，纵使不及格，也不要紧，千万别要着急，因为她本勉强进大学。你们兄妹各个都能勤学向上，我对于你们的功课绝不责备，却是因为赶课太过，闹出病来，倒令我不放心了。"梁启超首先关心的不是功课，但他要求孩子们一定要有责任担当。他在致梁思顺的信中说："天下事业无所谓大小，士大夫救济天下和农夫善治其十亩之田所成就一样。只要在自己责任内，尽自己力量做去，便是第一等人物。"

学业上也为孩子们支招。孔子说："学而不思则罔，思而不学则殆。"梁启超为让孩子们处理好学习知识与消化知识的关系，提出了"猛火熬和慢火炖"的学习方法。1927年8月29他在致孩子们的信中说："凡做学问总要'猛火熬'和'慢火炖'两种工作，循环交互着用去。在慢火炖的时候才能令所熬的起消化作用融洽而实有诸己。思成你已经熬过三年了，这一年正该用火炖的功夫。"梁启超反对填鸭式的教育，他在书信中说的最多的是对孩子们的安慰和劝解，很少给孩子们提出什么具体的学习要求。他说："学习不必太求猛进，像装罐头样子，塞得越多越急，不见得便会受益。"这些交流，没有丝毫父亲式的命令，而是朋友式的互动。

梁启超春风化雨式的教育方式，让他的子女们全部具备了不惑、不忧、不惧的"三不"能力。梁启超的教育看似简单，却有着非凡的震撼人心的力量，因此也很不容易学。这是因为，要想教育好子女，首先要做好父亲。修身与教育本为一体，实际上，梁启超就是"三达德"的化身。